U0191801

DESIGN BOOK FOR LIVING WITH CATS

东贩编辑部　编

中国电力出版社
CHINA ELECTRIC POWER PRESS

内容提要

猫咪不只是宠物，更是共同生活的同伴、家人。因此，设计师在为拥有宠物的业主规划住宅时，不能仅仅考虑人的需求，猫咪的个性和生活动线也要全盘考虑进去。以提高居住质量为前提，自然而然地将设计融于家居之中，让设计更加生活化。

本书从分析猫咪行为习惯入手，结合当下家居空间的设计，把家有爱猫的居住空间进行合理且恰当的设计，使住宅猫化，让宠物与家人住得更舒适，人与动物的关系更和谐。本书分为行为篇、生活篇、设计篇、实践篇四大部分，既有专家的分析，也有成功的设计案例讲解。

图书在版编目（CIP）数据

猫宅设计全书 / 东贩编辑部编． — 北京：中国电力出版社，2020.8
ISBN 978-7-5198-4728-9

Ⅰ．①猫… Ⅱ．①东… Ⅲ．①住宅－室内装饰设计 Ⅳ．① TU241

中国版本图书馆 CIP 数据核字（2020）第 101056 号

图字 :01-2020-2693 号

出版发行：中国电力出版社
地　　址：北京市东城区北京站西街 19 号（邮政编码 100005）
网　　址：http://www.cepp.sgcc.com.cn
责任编辑：曹　巍（010-63412609）
责任校对：黄　蓓　王海南
装帧设计：唯佳文化
责任印制：杨晓东
项目合作：锐拓传媒 copyright@rightol.com

印　　刷：北京瑞禾彩色印刷有限公司
版　　次：2020 年 8 月第一版
印　　次：2020 年 8 月北京第一次印刷
开　　本：710 毫米 ×1000 毫米　16 开本
印　　张：13
字　　数：208 千字
定　　价：68.00 元

CONTENTS 目录

关于为猫做的那些设计 ♥

CONTENTS 目录

Chapter
4
实践篇

Designs We Do for CATS

关于为猫做的那些设计

空间设计暨图片提供 | ST design studio

猫咪需要自己的独处角落

ST design studio

蔡思棣

认为设计就是解决生活所需，建筑人擅长运用解构与整合的理性思维，融入简约手法与自然材质。爱设计，也爱猫咪的她，从室内设计跨界到宠物用品设计，拓展人猫共居的美感生活。

从来没养过猫咪的设计师蔡思棣，在经手过一间猫咪宅设计后，就此开启与猫咪的缘分，不仅领养了两只流浪猫兄妹，也开始运用自身的设计专业，将猫咪最爱的纸箱模块化，开发出可随意拼组的跳台，提升人猫共居的生活质量。

顺应猫咪天性　量身定做

对设计师蔡思棣而言，猫咪不只是宠物，而是共同生活的同伴、家人。她认为，应该尊重它们的习性，因此规划住宅时，不只是人的需求，猫咪的生活动线也会全盘考虑。和人一样，猫咪也需要有自己独处的空间，尤其猫咪的穴居型性格，天生喜爱躲在狭小的空间，对它们来说，躲在暗处观察环境最能满足安全感，因此何不让出居家中闲置的角落做成猫窝或跳台，留给它们独立空间。

纳入猫咪生活习性，给予独立空间，满足自由不受打扰的生活需求。

空间设计暨图片提供 | ST design studio

要提醒的是，即便是独立空间，也需要有一定的尺度，有些人会使用猫柜、猫笼限制猫咪活动空间，这会限制猫咪喜爱自由、需要巡逻地盘的天性，因此在空间条件许可及家人可接受程度的前提下，应最大限度给予猫咪开阔不拘束的空间，若有不想让猫咪进去的区域可适当做阻隔，像卫浴或阳台等，让彼此生活独立又自由。

住宅猫化　设计融于无形

猫宅设计需考虑到每个家庭的猫咪性格，有些猫咪安静自持，有些猫咪则需要高度的活动空间，在以不妨碍人的居住质量为前提，最大程度将住宅猫化，与此同时，双方生活都能自在不被干扰。就猫跳台而言，不妨将书架与跳台层板结合，稍微加宽层板深度，在收纳书籍的同时，也能让猫咪行走，不翻倒架上物品。无需界定哪些是猫用的、哪些是人用的，自然而然将设计融于居家，设计就应如此生活化。

空间设计暨图片提供｜ST design studio

适时透过跳台设计模拟野外的障碍环境，为猫咪创造奔跑、跳跃、躲藏的乐趣。

空间设计暨图片提供 | ST design studio

书架与层板结合，兼具收纳、猫跳台功能，猫化设计巧妙融入居家空间。

关于空间布局，建议跳台动线有始有终最重要，双出入口的设计能引导猫咪上下，避免卡在高处下不来，层板也须有一定的承重力与摩擦力，让猫咪跳下时不致倾翻。许多养猫家庭都有关于家具挑选的问题，尤其是沙发，不少猫咪会当成猫抓板使用，抓花沙发几乎是家常便饭。在顾及生活舒适度与美观前提下，建议不妨选用可替换沙发套的家具，保养、更换也会更方便简易。

所有的猫化设计，其实都在解决猫咪与人的居住问题。她认为，“要有全然接纳猫咪的心态。”当猫咪进入空间时，若没顾及它们的需求，人猫生活区重叠，反而更容易发生问题，比如猫咪习惯走在柜子上，翻倒水杯、书籍，这背后隐藏的意义为“猫咪没有自己的生活动线”，必须占用人类的生活空间，这样的情况也许增加一个位于高处的步道就能解决。因此住宅猫化设计，不只可以改善提升居住质量，甚至能改变生活习惯、化解冲突。

空间设计暨图片提供 | 木介空间设计工作室

了解猫的天性和需求，打造适合的快乐环境

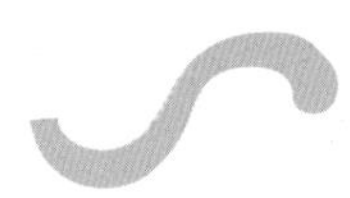

宠物行为训练师

单熙汝

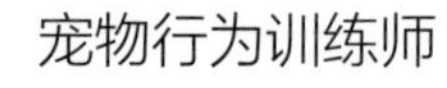

曾任职于动物食品业，之后接受亚洲动物行为训练师培训，取得LE认证资格认证，开始宠物行为训练师生活，接受饲主咨询，并通过到家指导，协助饲主了解家中宠物状况，以调整居住环境和人猫互动来解决行为问题。已出版《全图解猫咪行为学》一书。

多数人对猫咪的印象大多是独立、冷漠不和人亲近，有时还会做出让人无法理解的奇怪行为。然而就宠物行为训练师单熙汝来看，正因为猫咪不会讲话，无法直接表达出想法，所以才会借由一些行为来说出它们的心情，在这些行为背后，隐藏着猫咪们对周遭环境、互动关系的心声，饲主应该设身处地试着了解，如此才能与猫咪和平开心共处在同一个空间。

饲养猫咪前，先衡量空间条件是否适合

猫是高警戒且敏感的动物，不适合的空间环境可能对猫咪造成压力，而让他们开始出现看似捣蛋、破坏的行为。因此在饲养猫咪前，单熙汝建议："要先评估空间条件是否适合养猫"，因为家猫

空间设计暨图片提供｜于人空间设计

活动范围已经被限制在室内，空间如果面积过小，并无法满足猫咪狩猎、巡视的天性，就一般状况来说，生活空间要有25坪（约82.6m²）左右，才能满足一只猫的基本生活需求。然而多数人无法达到这个条件，却仍想要饲养猫咪，此时可先了解猫咪品种特性，因为并不是所有猫咪都好动，有些猫天生个性安静、不好动，对空间大小需求没那么高，也比较适合养在狭小的空间。

顺应猫咪天性，打造理想生活环境

审视完自身空间条件，想创造出一个猫咪的理想生活空间，就要先了解猫咪的习性。狩猎、巡逻、爬高，这些都是猫咪无法改变的天性，想让猫咪住得开心，空间里就要有可以满足这些行为的设计。喜欢在高处观察猎物、巡视领地，所以需要考虑到垂直空间的规划，最简单的方式就是利用现成的猫跳台，或在墙面安装层板，让猫咪可以攀爬至高处进行巡视。若家中有对外窗，可将攀爬设计安排在窗户附近，过程中猫咪也能暂时停下来，观察窗外景致，满足好奇心。

空间设计暨图片提供｜里心空间设计

空间设计暨图片提供｜
木介空间设计工作室

就猫咪习性来看，垂直空间与平行空间同样重要，因此对于每天都要巡视领地的猫咪来说，只有宽敞的空间其实并不够，除了开阔的空间，还可利用跳台、层板、猫窝等多种设计，划分出猫咪的休息区、玩乐区、睡眠区、观景区，借此可丰富居住的环境，也能制造出活泼又有变化的生活动线，增添猫咪生活上的乐趣。

另外，当猫咪受到惊吓时，会想躲进隐秘性高、不容易被找到的地方，尤其多猫家庭最容易因过多视觉接触造成压力，为了避免冲突、释放压力，他们需要暂时隐形起来，不被任何人看到。此时饲主可提前准备纸箱、猫窝等，摆在较隐秘的角落，方便它们躲藏，躲藏时间长短没有规律，只要感觉心情放松了，就会自动出现，千万不要强迫曝光它们。

事出必有因，试着理解猫咪

经常接受饲主咨询的单熙汝表示：“猫咪出现某种行为一定有原因，只要试着了解背后的原因，就能改善让饲主感到困扰的问题。”若是与居家环境有关，往往经由调整，就能得到完美的解决，但为了不再重蹈覆辙，饲主应改变单向给予的方式，尊重猫咪的天性，试着细心观察它们的需求，如此人猫关系才能和谐，然后幸福、快乐地同居在一起。

图片提供 | MYZOO 动物缘

细心观察，找出猫咪真正的需求

宠物产品设计

MYZOO 动物缘

一个宠物的品牌，串起与动物的缘分。希望借由这些产品拉近人与动物的关系，不止以人性角度思考，更以宠物的立场思考设计，使宠物更舒适，主人更放心。

现在人养猫不只把猫咪当作宠物，更多人将它们当成可以陪伴一生、分享喜乐的家人，因此愈来愈多人希望将猫咪的需求融入居家空间设计，而其中最快速达成的方式，就是透过市面上现有的猫跳台、猫窝、猫砂柜等产品，来改造空间并提升居住舒适度，也让爱猫在狭小的城市公寓里，可以住得更快活。

选对商品，猫咪其实不难养

然而主人的一片好心，往往不见得能得到猫咪的响应，其实多数都是因为饲主在购买商品前，并没有事先了解自家猫咪的个性与喜好，所以常常发生商品买了，猫咪却不领情的囧境。虽说猫咪习性、喜好大致上相同，但根据每只猫的个性、居住条件不同，即便是相同的产品，猫咪也会有不同反应，因此最好先了解自家猫咪的猫性与现有空间条件，再行购买会比较合适。

猫咪喜欢安静且隐蔽的地方，因此安排在较少人走动的安静空间，可增加安全感与使用率。

图片提供 | MYZOO 动物缘

设计宠物用品多年的MYZOO动物缘表示：“在制作商品前，他们会透过观察，了解猫的个性、喜好与习惯后，设计出贴近猫咪需求的商品。”在制作面已经由他们先做把关，因此若仍遇到猫咪不爱用的情形，可能是摆放位置问题，让猫咪担心使用时是否会遭遇危险，因而无法安心使用。以猫窝为例，比较合适的做法是，把猫窝放在高处、暗处，或者是较无人群走动的地方，猫咪才能安心使用。

贴心打造的猫咪乐园

至于如何将跳台、猫屋等现有产品更精准地落实在空间，且更符合居家空间规划，MYZOO动物缘建议：“可从猫咪的体形、空间大小及饲主需求几个方面做思考。”每只猫咪体形、个性不同，体形大的猫咪需要比较大的猫窝，跳台深度相对要够深，跳板间距也比较长，对于惧高的猫，就要将跳板间距离缩短，借此降低猫

图片提供 | MYZOO 动物缘

根据猫的体形打造适合的跳台、层板，不仅更实用，也是为了安全考虑。

真正了解自家猫咪需求，再来选择产品，才能买到适合的产品，也让猫咪的需求得到满足。

图片提供 | MYZOO 动物缘

咪恐惧感。比较狭隘的居家空间，选用不会占据空间的壁挂式跳台为佳；空间如果足够宽敞，可同时使用落地式及壁挂式跳台，借此可做出环绕动线，为空间增添更多趣味变化，这样一来猫咪也会住得更开心。

虽说使用者是猫咪，但后续清洁整理却是饲主的工作，因此饲主也要考虑到自身需求，如果预估自己是勤于打扫的类型，跳台高度就不宜做太高，也不适合规划难以清洁的封闭式猫道。有些饲主会专门打造猫房，希望猫咪尽量固定在这个空间活动，如此就要将饮水区及猫砂盆的放置位置都考虑进去。

市面上会出现许多猫咪的相关产品，无非是因为饲主愈来愈重视家里的猫咪，希望打造出更符合它们需求的空间。因此，MYZOO 认为："需求与产品息息相关，所以更要了解猫咪真正的需求。"设计者虽然尽量做出贴心设计，但身为使用者的猫咪无法用言语来表达，唯有依靠饲主细心了解，才能找出最适合它们的产品，而当商品对了，猫咪感到满足了，猫奴们当然也会从中得到疗愈与满足。

Behavior of CATS

Chapter 1 行为篇

空间设计暨图片提供 | 十一日晴空间设计

Point 1

打造梦幻猫宅，先了解猫咪的天性

看似温顺的猫咪，其实仍保留了大部分野生猫科动物的天性，因此想要打造出一个可以让猫住得舒适的住所，就必须先了解它们的行为，针对喜好狩猎、躲藏的天性，做出适合的设计，同时融入人类的需求，以此打造出人猫共住皆自在的居住空间。

空间设计暨图片提供｜一日晴空间设计

待在高处可让猫咪便于观察猎物、躲避敌人，并带来安全感。

行为 1 喜欢高，高让我有安全感

猫是天生的猎捕高手，身体流有狩猎本性，但在物竞天择的环境中，猫不只是狩猎者，同时也是猎物，因此为了进行狩猎也为了自身安全，相较于空旷、开阔的地面，猫咪喜欢待在可以让它们感到更安全的高处。因为在高处可方便它们随时观察、窥视猎物与敌人的行动，进而决定下一步该逃跑或攻击；除此之外，身在高处也能增加敌人猎捕难度，进而提高安全性。

以层板、猫跳台等设计打造垂直动线，满足猫咪喜欢爬高，待在高处的习性。

对应设计 利用层板、跳台帮助猫咪登高望远

虽说在家里并不需要猫咪进行狩猎，但在高处会让猫咪更有安全感，因此除了水平动线，垂直动线的设计一样重要。最简单的方式，就是在墙面安装层板，让猫咪可行走到高处，若空间上还有富余，可将层板连接天空步道，扩大活动范围，让动线有更多变化，增加猫咪玩耍的乐趣。若无法在墙面或居家空间进行大幅度改造，购买现成的猫跳台，多少也能满足猫咪爱爬高的天性。

空间设计暨图片提供｜禾光室内装修设计有限公司

猫咪躲起来，通常是因为受到惊吓，虽说它们自己会找地方躲藏，但适时准备可让它们躲藏的地方也很重要。

空间设计暨图片提供 | 禾光室内装修设计有限公司

警戒心高，所以爱玩躲猫猫

为什么猫咪喜欢躲在让人找不到的地方呢？这是因为猫是警戒心很高的动物，稍有一点风吹草动，它们就会立刻找地方躲起来，并在躲藏的地方舒缓它们所感受到的压迫与惊吓，直到心情平静下来后才会自动出现。除此之外，在多猫或者同时饲养狗的家庭，猫咪可能因为被攻击、发生冲突，或想避免骚扰而躲起来。

对应设计

制造可躲藏的地方，让猫咪自行消化压力

猫咪躲藏起来，是为了得到充分的休息、放松心情，因此有地方躲藏，对猫咪的身心健康很重要。如何帮猫咪准备躲藏的地方？最简易的方法就是准备一个纸箱，封闭的箱子可让猫咪安心躲藏，帮助他们平静下来；或者放置可攀爬的猫跳台，让猫咪自行决定待在哪个高度最让它感到安全；如果猫咪是会躲起来睡觉的类型，不妨摆个舒服的猫窝，让猫咪可以更放松，减少焦虑感。

空间设计暨图片提供 | 虫点子创意设计

猫咪容易受到惊讶，饲主可事先帮它们准备好躲藏的地方，帮助它们隐藏行踪，平静心情。

猫咪有强烈的好奇心，所以经常会看起来呆坐在窗前，其实他们是在观察窗外的动静。

行为3 不是发呆，是想探索世界的好奇心

经常会看到猫咪坐在窗户旁看风景，貌似严肃，一动也不动。其实猫咪并不是我们想象中的只是在看风景或发呆，对具备强烈好奇心的猫咪来说，来自窗外的车声、雨声等动静，很容易引起它们的好奇心，吸引它们停下来长时间观察，而且除了好奇心是天性使然，观察视线范围内的区域，对猫咪来说也是一种巡视、保护领域的行为。

对应设计 制造窗景，满足喵星人好奇心

虽然猫咪偏好在室内活动，但窗户可延伸视野，为它们的生活制造更多乐趣，因此养猫家庭建议选择有对外窗的房子，而且最好是窗外要有可观看的景色，而不是一开窗就面壁，窗户则以可清楚看到室外的透明玻璃窗为佳。从安全性角度来考虑，为了避免猫咪因看到窗外动静过于激动，或自行开窗而造成掉落危险，可以安装纱窗或者加装安全锁确保安全。

行为4 每天固定巡视领地

猫咪具有强烈的领域性，因此当我们看到猫咪时常在家里走动，并不是纯粹在运动或闲晃，而是它们巡视领域的表现，伴随着在家里四处走动，它们会利用磨蹭的方式留下气味，来标记领地或者和其他猫咪做无声的沟通。透过每天经常性的巡视，可以让猫咪确保仍是它们所熟悉的环境而产生安全感。

可善用平面空间与垂直空间，为巡逻动线增加变化，并借此扩大活动范围。

对应设计

多样设计，丰富巡逻动线

猫咪喜欢四处巡逻领地，对缺少活动的家猫来说是增加活动的机会，因此借由扩大巡逻领地，制造利于猫咪活动的环境，同时也可为它们的生活增添乐趣。若平面空间本来就不大，此时可善用层板、猫跳台等设计，来增加垂直空间，借由多种设计为行走动线做变化，丰富单调的室内环境，也满足猫咪巡视领地的习性。

行为 5

窝在小空间，展现超高柔软度

睡眠占据了猫咪大部分的时间，为了安心休息，避免睡觉时遭受敌人袭击，猫咪会寻找狭小的空间作为休憩藏身处，即便家猫并不需要狩猎，也不用担心敌人攻击，但它们仍保有这样的天性，因此常看到猫咪缩在小小的空间或盒子里睡觉，这并不是为了展现它们天生柔软，而是在刚好容纳得下身体的小空间里，让它们很有安全感。

对应设计

准备适合蜗居的小窝

猫咪有喜欢睡在狭小地方的习性，因此它们很喜欢封闭、窄小的纸箱，简单准备一个纸箱再铺上柔软的布，就能成为一个猫咪喜爱的窝，若比较讲究，可直接购买市面上现成的猫窝，不过在材质上要特别注意，最好选择较为天然的材质，以免影响猫咪健康，猫窝四周尖角最好也要有修圆设计，避免猫咪冲撞发生危险。

可准备猫窝以方便猫咪躲藏、睡觉。

空间设计暨图片提供｜思维设计

Point 2 改善居住空间，纠正猫咪坏坏行为

猫咪会出现破坏、捣蛋的行为，其实都有原因，就空间环境来看，通常是因为对居住环境产生不满，让猫咪心理产生压力，然后就会做出让饲主困扰的行为。其实要纠正这些不当行为并不难，只要做出一点改变，就能给猫咪更舒适的居住环境，同时解决饲主的烦恼，让人猫和平共处。

行为 1

喜欢破坏家具

养猫的人大多会有这个困扰，就是家里的猫把沙发、椅子等家具当成磨爪的工具，造成家具破损严重。其实猫咪磨爪的行为并不是为了破坏或捣蛋，而是因为在指甲间存在汗腺，而汗腺能散发属于自己的味道，猫咪可以透过磨爪的动作，留下自身气味同时宣示领域。

想解决猫咪扒抓家具问题，首先必须给予它们可以磨爪的东西，像是猫抓板、猫柱等，其中以猫咪喜欢的麻绳、瓦楞纸材质为佳。另外，若不想让猫抓板堆积灰尘沦为摆饰，最好摆放在猫咪习惯走动的位置，当他们想磨爪时，随时有东西可抓，自然会减少破坏家具的机会。

家具可选用不易被猫咪破坏的材质，如：OSB板、防猫抓布沙发，减少家具毁坏机会

空间设计暨图片提供｜丰墨设计 Formo Design Studio

行为 2

不用猫砂盆

原本准备好的猫砂盆猫咪不用，在家里四处乱尿尿，这个问题发生的原因比较复杂，比较常见的原因，是饲主没有定期清理猫砂盆，一旦让猫咪觉得脏、臭，他们就会拒绝使用。而具备狩猎天性的猫咪，会担心因排泄物气味而遭到敌人追踪、攻击，所以会选择有一定隐蔽性的地方上厕所；因此猫砂盆要摆放在具有隐秘性、安静的空间，且尽量固定不要随意更换位置。另外，前往猫砂盆的路线，若让猫咪感到危险，也会导致它们不愿使用猫砂盆。

空间设计暨图片提供｜怀特室内设计

猫咪喜欢在安静、隐蔽的地方上厕所，所以猫砂盆位置要特别挑选过，尽量避开吵闹、开放的区域。

碍于空间的大小，可利用家具、猫跳台等方式制造出更多空间，让猫咪有各自的空间，并减少干扰的情况发生。

空间设计暨图片提供｜曾建豪建筑师事务所/PartiDesign Studio

行为3 争地盘、打架

多猫家庭中猫咪常会因争抢地盘打架，究其原因，是因为空间资源有限。而且猫是以气味来划分领地，若领地有了其他猫的气味，就会采取较激烈的方式来确定领地，当狭小的空间同时有多猫共住，就容易因争抢地盘而打架。所以在决定饲养猫咪前，最好先评估个人空间条件。而家中已有两只以上的猫，又无法扩大空间，可透过简单改造空间，像是窗户附近除了平台，可增加吊床、柜子，让其他猫咪也能共享窗景，或利用层板、猫跳台往垂直空间发展，利用一些设计扩大可活动范围，让猫咪们自行从中寻找到喜欢的区域，借此和平共处。

空间设计暨图片提供｜ST design studio

将植物高高挂起，让植物与猫咪保持距离，避免遭到猫咪破坏。

行为4 破坏家中植物

对猫咪来说，跳跃、磨爪子、啃植物都是出自天性的正当行为，但对人类来说，这些举动就会被认为是捣蛋。猫咪会啃咬植物，除了是因为嬉戏、淘气行为外，它们也需借助植物纤维来促使自己吐出毛球，所以适时地准备猫草，即可满足猫咪需求，减少破坏植物行为。除此之外，也可将家中植物悬挂起来，帮助植物远离猫咪，避免遭到破坏。

在家里制造更多可满足猫咪攀爬、登高的地方，就能减少它们爱跳上桌面的行为。

行为5 跳上桌子

猫咪拥有绝佳的跳跃力，喜欢攀高，因此可以跳上桌、柜，虽然有些饲主并不介意这样的行为，但为了避免猫咪误食桌上的食物，应该试着做改善。想减少跳上桌子的次数，建议在家中规划一些适合攀爬的设计，如跳台、猫吊床等，再放置一些可吸引它们的玩具，借此引起它们的兴趣，如此一来它们便会放弃平凡的桌柜，转而待在它们更喜欢的位置。

行为6 一开门就往外冲

领域观念强的猫咪，需要经常巡逻以确保领地没有人入侵，但现在多养在室内公寓，空间不足，猫咪缺少巡逻、狩猎的地方，这时就有可能想向外发展，导致主人一回家开门，它们就会想往外冲。

建议此时最好适当改造居家，在家里增添可让猫咪活动的设计，利用动线作出变化，增加活动区域，让猫咪不会感到无聊。另外，门可改成喇叭锁，开门方向调整成由外往内开启，就能防范一开门猫咪就暴冲到室外的问题。

室内门片可利用滑门增加空间弹性，或使用玻璃材质，增加人猫互动。

空间设计暨图片提供｜一叶蓝朵设计家饰所

行为 7 躲进衣橱睡觉

睡觉占据了猫咪大部分时间，为了睡个好觉，它们会选择一个能让自己放下戒心，好好睡觉的地方。因此如果你的猫咪特别喜欢躲在衣橱睡觉，这是因为衣橱有一定的隐秘性与封闭性，让它们很安心。不想让它们窝在衣橱，使衣服沾染上猫毛，可试着为猫咪准备睡觉的地方，最好同时多准备几个提供它们选择，从中可了解它们的喜好，再适时铺上它们喜欢的柔软材质，便可吸引它们待在猫窝，减少睡在衣柜的频率。

行为 8 把桌、柜上的东西拨到地上

对于猫咪把桌、柜上的东西拨到地上，相信有养猫的人应该已经习以为常。猫咪拨弄小东西，确实是出于天性，对饲养在家里的家猫来说，也是一种游戏的方式，而不是故意要捣蛋，只要饲主多和猫咪互动，满足它们陪伴、玩耍的需求，就能减少这种行为。若暂时还无法改善，饲主应该避免将小东西放置在桌柜上，成为它们玩乐的玩具。

行为 9 小猫室内暴冲

刚断奶的小猫到一岁前，是活动力最高、最旺盛的时期，因此常看到活动力超强的小猫，在家里四处暴冲，这样的行为容易因碰撞造成危险，也容易打坏家中物品。其实猫咪渐渐长大后，这种情况就会慢慢减少，但为了安全着想，可先利用栅栏围出一个活动区域，限制小猫活动范围，如此便可减少碰撞情形发生。

可利用穿透且通风的门片，限制活动范围，同时又能随时观察到猫咪的一举一动。

Life of CATS

Chapter 2 生活篇

空间设计暨图片提供｜十一日晴空间设计

Point 1

这样打扫，猫宅常保清爽干净

整洁环境不只对我们来说重要，对喜欢干净的猫咪来说一样重要。虽说猫咪平时很注重整理自己，但因为掉毛、使用猫砂盆问题，又或者因为饮食习惯，仍会造成家里脏乱，其中最难处理的猫毛，更是所有饲主的困扰。猫宅如何打扫，维持空间整洁，以下提供几个方向，帮助大家创造一个干净又安全的人猫共住空间。

目前市售清洁剂多以一般人无害为标准，最好使用宠物专用，或者稀释后再做使用。

清洁剂的选择

打扫时我们最常使用清洁剂加强去污能力，但猫咪经常舔爪子或躺在地上，所以如果它们走过的地面或家具上仍残留有清洁剂，此时很可能因此沾染、误食。市面上的清洁剂通常适用于一般人，因此我们即便碰触到了也不会受影响，但对猫来说则可能有致命危险，因此在进行居家清洁时，要特别谨慎挑选适合的清洁剂。

选用宠物专用清洁剂，或者稀释浓度后再使用

目前市面上已可购买到宠物专用清洁剂，为了家中猫咪的安全，建议最好使用这类适合产品，若担心去污力，在使用现有清洁剂时，可先将清洁剂做稀释，借此降低浓度，也降低伤害性。在清洁过程中，猫咪会因为好奇围观，若有清洁剂滴落，要立刻擦掉，避免猫咪因好奇而有碰触、舔、闻的行为。另外，清洁剂应该收放在封闭且不易被猫咪碰触到地方，以确保安全。

清洁猫毛

猫毛一直是许多养猫人的困扰，不只因为猫毛数量多，猫毛也不易清洁，而且除了地板，还会黏在地毯、沙发、床及衣物上。为了更彻底除毛，在清洁之前，首先要先解决掉毛的源头。由于猫不只换季会掉毛，平时也会有毛发掉落，建议饲主可多花些时间为猫梳毛，虽说无法完全避免掉毛，却可减少掉毛数量，梳毛切记不要过度，要轻轻地梳，千万不要让猫咪对梳毛反感而不愿梳毛。

吸尘器日新月异，基本上只要吸力足够，大致上都可吸去床、沙发及地板的毛发，建议可先用吸尘器吸过一次，之后再用黏毛滚筒滚过，黏起残余的毛发，至于衣物上的毛使用黏毛滚筒即可。除了可见的猫毛，毛屑也会飘散在空中，因此空间的换气通风很重要，为了加强换气功能，可使用空气净化器，加强吸附空气中看不见的毛屑。

空间设计暨图片提供 | 子境空间设计

无接缝地面处理，不易堆积毛屑、好清理，对饲养猫的屋主来说，清洁上相当方便容易。

猫砂盆除了要隐蔽，也要方便饲主清洁，以免因不易清洁而变得脏乱。

空间设计暨图片提供｜荃巨设计 iADesign

猫砂盆的清洁

猫咪是喜欢干净的动物，尤其在乎猫砂盆及周遭环境的整洁，因此若猫砂盆没有定期整理或清洁，猫咪可能会因此拒绝使用，造成在家里随处尿尿的情形，所以除了要考虑砂盆摆放位置外，也要特别注重清洁。一般来说，大多数主人一天会清一次便便，可以的话，早晚两次会更好，猫砂盆要固定清洗，至于散落在附近的猫砂，则要随时清扫干净。猫咪和人一样，都喜欢干净的如厕环境，只要具备同理心，相信饲主也会心甘情愿认真维持猫咪如厕空间的整洁。

去除猫尿味

猫咪会在猫砂盆以外的地方尿尿，通常是因为不满意猫砂盆，又或者想标记领地，虽说事出必有因，但猫尿味浓烈又难闻，加上尿味难以去除，因此若遇到猫咪乱尿尿，如何彻底去除尿味，是一大难题。首先，要防止尿尿行为，找出猫咪不用猫砂盆的原因，接着就问题进行改善，同时要尽快去除猫尿、尿渍，避免让猫咪有机会重复在同一个地方尿尿做标记。

确实找到位置后去除猫尿

由于猫咪会寻着气味再度标记，因此要确认好猫尿的位置，彻底去除猫尿。一般可以视线判定位置，若无法确定可用手触摸看看，若有黏黏的触感，可能是已经干掉的猫尿。如尿在瓷砖地擦拭即可，但若是尿在地毯上，可先用纸巾将猫尿吸干，切记不要来回擦拭，这样会让污渍进入更深层难以清除。若已经干掉，可倒一点水弄湿，再持续以纸巾吸出污渍，待污渍大致被吸出后，使用市售清洁剂进行清洁，然后让清洁的地方晾干，同样的动作重复进行多次，直至确认没有尿味为止。

空间设计暨图片提供｜禾光室内装修设计

Point 2

小心危险！猫咪居家安全须知

猫咪通常给人灵活、聪明且懂得照顾自己的印象，但其实猫咪的活动力强，而且有一定的好奇心，在好奇心的驱使下，经常做出连饲主都无法想象的行为。也因为猫咪的无法预测，让这个看似安全的居家空间里，隐藏了一些会危害他们生命的潜在危险。

厨房

有些猫咪喜欢喝水龙头滴下来的水，加上厨房流理台很多瓶瓶罐罐，甚至会摆放一些小东西，因此特别容易让猫感到好奇，而跳上流理台喝水、探险。但流理台四周潮湿容易滑倒，而且还有瓦斯炉、刀具等危险物品，猫咪突然跳上去可能因此发生危险。建议平时东西最好用完就收，电源用完就要关，若有水渍则要尽快擦拭干净，免得猫咪打滑摔伤。目前流行的开放式厨房若想禁止猫咪进入，可以采用玻璃门片，既可阻止猫咪，也方便饲主观察猫咪举动，又不会失去空间开阔感。

若担心危险又不想厨房太封闭，可选用具穿透感的玻璃门片，不阻碍光线，同时又能注意猫咪的行踪。

空间设计暨图片提供｜子境空间设计

仓库

猫咪最爱封闭、隐秘的空间，因此家中若有储物的仓库，很容易成为猫咪最爱玩耍、睡觉的地方，但仓库多会摆放杂物，不只会堆积灰尘，东西若没有摆放整齐，猫咪可能因为钻动、跳跃而被掉落、倾倒的物品砸伤，因此平时饲主就应保持仓库整洁，开关门时也要稍微注意猫咪踪影，免得将猫咪关在仓库，或者不小心夹伤他们。

蟑螂屋、捕鼠药

有些人为了捕抓蟑螂和老鼠而在家里放置蟑螂屋、补鼠药，但猫咪原本就喜欢到处钻来钻去，或者拨弄东西，这样的行为可能导致猫咪碰触或误食中毒，又或者因为不小心捕食了蟑螂、老鼠而引发二次中毒。家中若需捕抓蟑螂、老鼠，一定要小心放置这类药品，或者寻求其他方式解决，以免家里的猫儿发生危险。

养猫前应先熟悉植物属性，以免猫咪乱啃咬，误食有毒植物。

空间设计暨图片提供｜ST design studio

植物与盆栽

为了让家里增添生气，多数人会在家里栽种植物、盆栽，但有些植物对猫咪身体有害，甚至可能有致命危险。为了避免猫咪乱啃咬误食、破坏，植物最好利用悬挂方式，拉开与猫咪的距离，而栽种植物的种类也要慎选，其中我们最常见的百合花、万年青、仙人掌等种类，都是对猫咪有害的植物，饲主应事先注意，以免引起不必要的危险。

空间设计暨图片提供｜禾光室内装修设计有限公司

居家空间里尽量减少使用延长线，使用完毕也应立刻关闭电源，避免猫咪啃咬电线而触电。

电线

猫咪喜欢绳索类的玩具，因此家中常见的电线就成了他们最爱玩耍的玩具之一。电线看似安全，但在玩耍过程中，很可能会因为缠住猫咪而导致死亡。除了有被电线缠住的疑虑，喜欢乱啃咬东西的猫咪，也可能因啃咬电线触电受伤，为了确保安全，可另外加装电线保护套，或者喷洒一些猫咪讨厌的气味，让他们自动远离，减少危险发生。

Point 3

贴心用品，猫咪，超幸福！

居家空间若能为猫咪做出专属设计，便能让猫咪有更舒服的生活空间，但如果无法进行空间大改造，怎么办？近年养猫人口激增，市面上也出现许多猫咪的生活用品，除了玩耍的玩具，还有更多能提升生活舒适度的产品，让生活在狭小公寓的猫咪，可以过得更开心！

Item 1 太空计划 GAMMA

NT.3000 by MYZOO 动物缘

采用壁挂式设计，可配合空间里的家具，如衣柜、书柜等悬挂于高处，让喵星人在家中有更丰富的跳跃生活，更为家中平凡的壁面，增添生活趣味。透过350 mm大直径的亚克力罩，可让喵星人睁大双眼看着透明罩外的世界。

材质：椴木实木皮、亚克力罩，尺寸：40 cm × 47.5 cm。
出入口：直径 22cm，耐重：15kg。

图片提供｜ MYZOO 动物缘

Item 2 宠物床

NT.699 by IKEA

不论家里养狗或猫，他们都会爱上这张床；软柔的材质，可让他们感受到绝佳舒适性，让他们可以尽情舒展身体，而且弄脏了也相当便于清洗。

尺寸：60cm × 78 cm。

图片提供｜ IKEA

Item 3 LUNA 月亮跳台

NT. 5350 by MYZOO 动物缘

跳台本体悬挂于墙面，节省空间且不与地面接触，方便饲主日常清洁打扫。跳板向两端收束，一方面留有能让猫舒适休憩的宽度，又不使造型显得沉重。跳板下方设置结构，加强承重功能。跳版面刻有沟槽，除增加摩擦力确保安全外，也让猫更容易留下自己的气味，减低猫对产品适应不良的概率。

材质：云杉、碳化木，尺寸：直径 100cm。
跳板宽度：30cm，耐重：15kg。

图片提供｜ MYZOO 动物缘

Item 4 猫室 2.0（五件组）

NT.1,790 元 by A Cat Thing 猫事

有别于一般猫跳台设计，运用建筑设计美学概念，将猫咪最爱的纸箱设计简化为 4 种几何形式，由两房、一厅、一台、一坡所组成，外包装材料还附加顶加与地板模块。透过模块化设计，可随意拼接，不论以何种方式组合，都能串联流畅美感。从印刷到纸质选用皆采用环保无毒的可回收材料，箱体之间采用卡榫连接，不浪费任何包装。

材质：高硬度双层牛皮瓦楞纸，尺寸：27cm × 27cm × 27cm（房的基础尺寸）。

图片提供｜ A Cat Thing 猫事

Item 5 BUSY CAT 六角猫跳台

NT.2200 by MYZOO 动物缘

猫跳台的灵感来自蜂巢，跳台采用六角造型，每一个跳台的连接，都是以中间为基础向两侧水平展开。侧边挖孔让猫咪能在跳台中来去自如，制造猫咪喜欢的穿梭感。每个跳台面相互嵌合，结构相当坚固，能在最小的墙面积上建筑最多的空间。

材质：云杉，尺寸：宽 50cm × 长 43.5cm × 深度 30cm。木材厚度：1.8cm，洞口直径：20cm，耐重：15kg。

图片提供｜ MYZOO 动物缘

Item 6 宠物床布套

NT.199 by IKEA

将旧的衣服和布料塞进布套，就是一张低成本的宠物床；你的味道能让宠物感到安全，同时也可省荷包；不使用时不占空间，方便旅行时携带。

尺寸：长 51cm × 宽 76cm。

Item 7 猫抓垫

NT.199 by IKEA

担心猫咪把家具拿来磨爪子，利用猫抓垫将桌脚变成猫抓树，让猫可以开心磨爪子和舒展身体；附系带，容易固定。

尺寸：长 25cm × 宽 63cm。

图片提供｜ IKEA

图片提供｜ IKEA

Item 8 宠物玩具隧道 NT.299 by IKEA

在这个游戏隧道中，爱猫可以做他们最爱的事情：狩猎和隐藏；小球可激发猫的好奇心和狩猎本能，游戏结束后，还能折叠收纳。

Item 9 原木圆角猫砂柜（单盆款）

NT.15,000 by 拍拍 Paipaipets

猫砂柜内的隐秘空间，给猫咪更多隐私和舒适的环境，减低压力。除了正面的大圆形出入口，左右侧也开了多个通风口，让柜内空气自然的对流，也减少家中恼人异味。有单盆与双盆款可挑选。

材质：松木，尺寸：L45 × W89 × H72 cm。
猫砂盆空间尺寸：L51.6 × W41.8 × H30 cm。

图片提供｜ 拍拍 Paipaipets

Item 10 原木架高碗（XS）

NT.1,180 by 拍拍 Paipaipets

采用简单的线条设计出托高、倾斜角度，具质感原木碗架深获好评。并可根据宠物体形大小，有各种尺寸可供挑选。

图片提供｜ 拍拍 Paipaipets

Design of CATS

Chapter 3 设计篇

空间设计暨图片提供｜里心空间设计

Point 1

挑对材质，猫咪猫奴住得都舒适

专业咨询—ST design studio 设计总监 蔡思棣、MYZOO 动物缘

惯于在野外生活的猫有磨爪习惯，为了防范地板与家具遭猫爪留下抓痕，需选用耐抓材质。以固定配置家具的居家空间，对保有狩猎天性的猫来说过于平淡，因此他们会在空间中寻找假想敌来满足猎捕本能，但看似无害的家具、家饰，在追逐玩乐过程中，都可能造成无形的威胁或伤害，所以居家空间中使用的材质必须慎选。

木质地板可让居家空间感觉更为温暖，也可防止猫咪因缺少抓地力而在奔跑中打滑。

材质 1

木地板比光滑瓷砖来得好

猫咪四肢脚底柔软的肉球与爪子，都是为了适应野外环境，透过伸爪的抓地力能让他们做出迅捷的奔跑与跳跃。然而居家空间中的光滑地面让爪子无处着力，再加上像是长毛猫脚底的毛通常较长，行走时容易打滑，因此建议避免选用大理石、抛光石英砖等表面光滑的地板材料。一般地面材质多建议选用超耐磨木地板，本身具有耐磨耐抓特性，较不会留下爪痕，若能选用表面具凹凸纹理种类更好，猫咪行走抓地力强，更能减少打滑状况发生。不过超耐磨木地板质地毕竟较为坚硬，预算上若有富裕，又不担心刮痕，可选择海岛型木地板，地板表面为柔韧实木，可让猫咪爪子深入抓地，减少猫咪行走负担，但缺点是无法防刮，会留下爪痕。

适用地板材质比较　◎非常适合 △尚可 × 不适合

材质	猫咪适用性	优点	缺点
大理石	×	空间有大器感，好清洁	猫咪行走缺乏抓地力
抛光石英砖	×	方便清洁	猫咪行走缺乏抓地力
超耐磨地板	◎	耐磨防刮，不会留下爪痕	质地较为坚硬
海岛型木地板	◎	踩踏温润舒适，抓地力更稳固	会留下爪痕
水泥粉光	△	略带粗糙的质感，有一定程度防滑效果	踩踏触感较为冰冷

材质 2

沙发选用猫抓布，防刮防水好清理

相信养猫人家最头痛的问题就是猫咪把沙发当成抓板使用，然而这是因为猫咪天生需要磨爪，保持爪子的尖锐让他们在野外生活可占据优势，同时在磨爪过程中，猫咪也能感到放松、舒压。对他们来说，布质、皮革沙发抓起来的触感最好，因此在选购沙发时，可尽量避免选用这两种材质。一般来说，实木沙发比较能防止猫抓的问题，但坐卧舒适度相对较低。因此目前已出现所谓的猫抓布材质，这种材质具有细致紧密的织纹，猫爪无法深入钩破，可有效避免抓破沙发。此外，多猫家庭易有猫咪喷尿争抢地盘问题，猫抓布也有防水的材质，可防止尿液渗入，建议准备可拆卸替换的沙发套，方便更换清洗。

空间设计暨图片提供｜木介空间设计工作室

沙发避免选用容易遭破坏的布艺或皮革类材质，建议可改用猫抓布沙发，既能防抓，又具备防水耐磨特性。

材 3 卷帘取代纱帘与布艺窗帘

猫咪是天生爱攀高的动物，对他们来说窗帘是一个通往高处的绝佳路径，若你家的猫咪喜欢攀爬窗帘，就得注意窗帘选用的材质，纱质、丝质、布艺都是最容易被爪子钩破的材质。此外，百叶帘也是猫咪的最爱，可沿着叶片向上攀爬，尤其铝质百叶轻巧好翻转，猫咪更容易施力。为了防止猫咪攀爬造成危险，或者破坏窗帘，建议可改用防猫抓布的窗帘，既遮光也能防止抓破，或是改用卷帘，并选用 PVC 材质；因为卷帘可向上收卷，猫咪不易触碰到，且 PVC 材质好清洁，使用吸尘器即可去除猫毛、沙尘，表面的光滑触感也会让猫咪失去兴趣，避免攀爬窗帘的问题。时有耳闻猫咪逗弄窗帘绳而发生窒息的意外，为了以防万一，窗帘绳可改为窗帘棒，做好事前预防，意外发生的概率便可降到最低。

窗帘材质应避免选用纱帘、丝质等易被破坏的材质，改用卷帘收合，并搭配窗帘棒，可避免危险。

空间设计暨图片提供｜思维空间设计

材 4 纱窗改用钢铁材质，耐抓又通风

家中的纱窗纱门也是猫咪偏爱攀爬的材质，孔径大小适中容易穿透，不少人应看过猫咪沿着纱门向上爬扮演蜘蛛人。经过猫爪肆虐，纱网容易钩破松脱，需要经常更换，不妨将原本的塑料纱网改为铁丝网材质，既坚固耐用又具有通风效果，而且钢铁材质还可有效防护安全，避免猫咪破窗冲出。此外，猫咪坠楼意外层出不穷，关于门窗的安全，可利用儿童安全锁限制窗户开启幅度，即便猫咪开窗也不容易钻出，保障生命安全。

材 5 墙面避免使用壁纸，插座加盖更安全

猫咪磨爪时采用站立姿势较容易施力，因此除了爱抓沙发，若墙面有贴壁纸，也容易成为猫咪爪下的最爱，尤其是由草编、棉麻、树叶等制成的天然壁纸，表面的凹凸触感，让他们抓起来更加起劲。建议能不贴壁纸就不贴，避免壁纸被抓花，而让空间变得不美观。若家中猫咪有喷尿问题，墙面插座可加上防水盒，不怕溅尿，保护插座不锈蚀，或在墙面涂刷油性保护漆，如此也较为容易清洗擦拭。

空间设计暨图片提供 | 曾建豪建筑师事务所 /PartiDesign Studio

家中饲养猫咪，壁面不建议铺贴壁纸，单纯涂刷漆料会来得更好清洁、保养。

空间设计暨图片提供｜怀特室内设计

Point 2

独立猫屋，专属猫咪的私人空间

专业咨询｜ ST design studio 设计总监 蔡思棣、MYZOO 动物缘

随着猫在家中的地位越发重要，不少人把猫咪当作孩子般疼爱，也更愿意顺应猫咪的习性打造适合他们的生活空间，并在居家让出一处专属的区域作为独立猫房使用，让他们能自在地玩耍奔跑。但猫房的规划如同人居住的空间一样都需细心审视需求，如此才能让猫咪得到最大的满足。

愈来愈多人想规划猫房给家中的爱猫一个专属空间，在规划前，饲主应有认知，独立猫房并非只是空出一间房就好，而是要思考自家猫咪数量与空间大小是否适合，因为猫的地盘意识强烈，要有足够的空间才能让他们安心，不会感觉地盘被侵犯。而只有经过精心的规划，猫房才能发挥功能，而非沦为猫咪不想使用而浪费空间的举动。

避开嘈杂且需有一定稳秘性

猫砂盆位置需要放在通风但隐秘的区域。在野外，猫咪既是猎人也是猎物，当他们在上厕所时，排泄物气味会引来天敌，容易招致敌人伺机而动。因此猫咪上厕所时警觉心非常高，而且会希望过程中隐蔽而不引人注意，经常是悄然出现，然后又悄然离开。因此猫砂盆摆放原则为通风、隐蔽、避开家人行走的路线，独立猫房可选择避开人来人往的入口的位置摆放。

空间设计暨图片提供｜虫点子创意设计

多猫家庭猫砂盆的数量，要比猫咪数量多 1 个，也就是说，两只猫需要 3 个猫砂盆。在空间条件许可下，猫砂盆不要并排而行，建议分散在各个空间，让猫咪有各自的领域与地盘。

猫砂盆最好放在隐秘的位置，以免影响猫咪如厕心情，而造成随处尿尿情形。

一房最多容纳 3 猫

以封闭型的独立猫屋来看，一只猫至少需要 1.5m^2 的地板空间与 2m 的垂直高度，依照猫咪的数量以此类推增加，这样活动起来才舒适。以一间 3 坪大小（约 9.9m^2）、有落地窗的次卧作为猫的游戏房为例，建议 2 只猫咪为佳，最多可容纳 3 只猫活动，让彼此能保持安全距离。

即便一房最多能容纳 3 只猫，对他们来说，需要的地盘领域仍是不够大，放大到居家空间来看，若有两三只猫，他们可能会各自占据客厅、餐厅或卧室作为自己的领地以满足安全感。对

空间设计暨图片提供｜虫点子创意设计

独立猫房最怕过于封闭，选用具有穿透感的材质来打造，可促进人猫互动，且有视觉轻盈效果，避免造成压迫感。

他们来说，猫房只是饮水、吃饭、玩乐的共享空间，除了猫房外仍会有各自偏好独处的地方，因此不要将猫咪局限在猫房生活，这会造成他们很大的心理压力。

此外，猫喜欢和人互动，需要我们的陪伴，但也习惯观察自己领域内所有生物的行踪，满足他们巡视、掌握领域内部情况的本能，建议独立猫房的配置最好选在靠近家人经常活动的公共区域，像是利用客厅后方的书房作为猫房使用，若是有预算，不妨将墙面改为玻璃隔间，让猫咪与人的互动更为紧密。

空间设计暨图片提供｜子境空间设计

猫房设置在空间中间位置，其余生活空间则围绕着猫房规划，便于家人与猫咪互动。

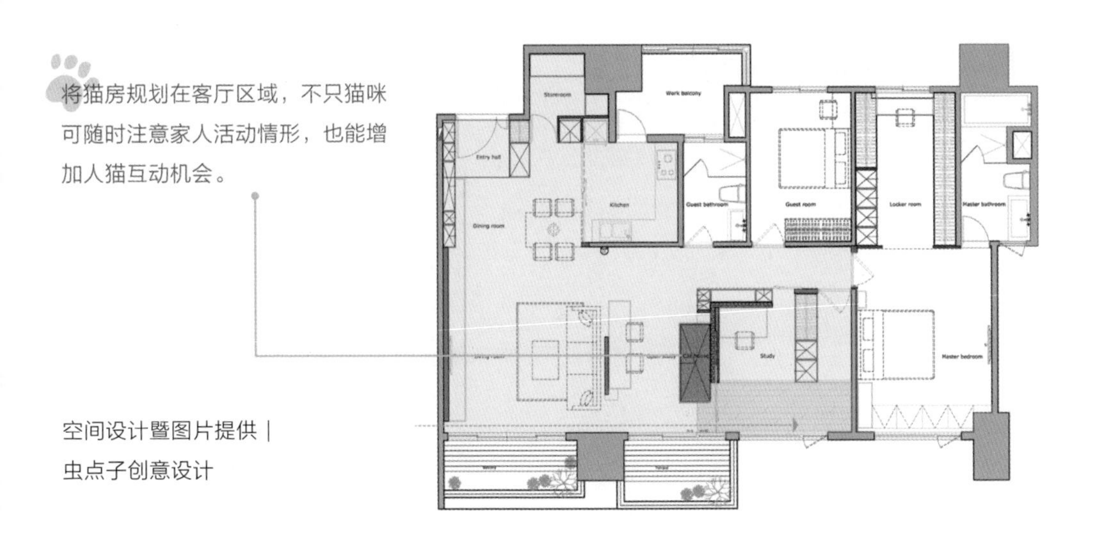

将猫房规划在客厅区域，不只猫咪可随时注意家人活动情形，也能增加人猫互动机会。

空间设计暨图片提供｜虫点子创意设计

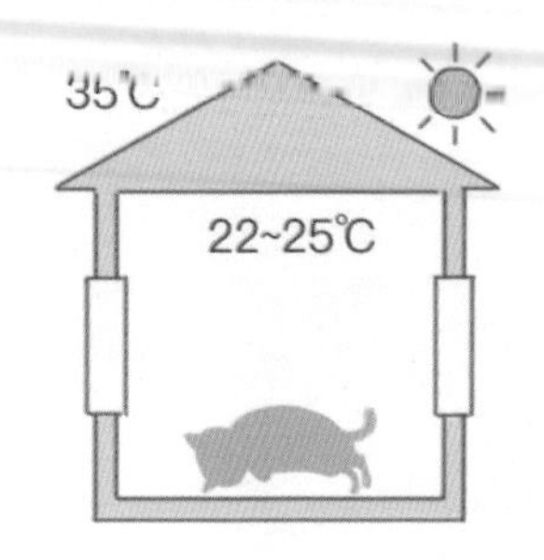

维持在 22℃ ~ 25℃的舒适室温

猫的体质怕冷也怕热，和我们一样都需要舒适的室温，一般适合居住的温度约在 22℃ ~ 25℃。因此选择猫房位置时，需注意是否有西晒问题，若位于西晒位置，或遇到夏天温度较高时，可采用隔热窗，或利用窗帘遮阳、适当通风，让猫咪可调解自身体温，亦可去除饲养空间的浓重异味，若有装设冷气，可将温度与其他生活空间调整成同一温度，如此猫咪进出猫房时，也不会因温度忽高忽低而感到不适。

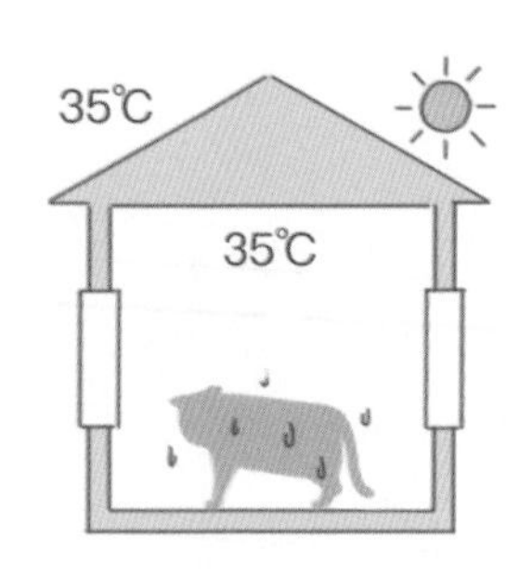

猫房应与其他室内空间温度维持一致，对应室外温度，室内空间维持在约 22℃ ~ 25℃，是猫咪感到最舒适的温度。

水碗至少 2 个以上，放在猫砂盆对角线

接着思考猫房空间布局，对猫来说，基本需求为水碗、食器与猫砂盆。猫讨厌水碗与猫砂盆距离太近，这是因为干净的水源是生存必需，这样的信念深植在基因中，因此水碗离猫砂盆愈远愈好，建议可将两者分别放在空间对角线位置，错开猫咪视线，避免直视。

水碗与食器放在入口处，并与猫砂盆维持对角线或平行的距离。

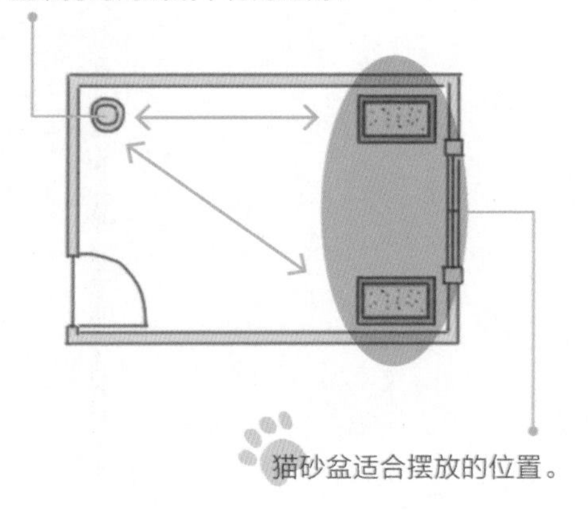

猫砂盆适合摆放的位置。

此外，猫和人不同，对口渴敏感度较低，加上在野外一般是透过猎物中的血液来获取水分，因此猫咪平时不太会主动喝水。为了提高喝水概率，水碗至少要准备 2 个以上，并放在猫咪每天都会行经的区域，像是猫房入口、猫跳台附近，制造容易喝到水的环境；食器数量建议每只猫都应该要有自己专属的碗，如此才不会有抢食的情况发生。猫房水碗与食器也要避免放置在阳光直射的位置，不只因为高温容易让饲料腐坏，温度过高的区域，猫咪通常会敬而远之，不愿靠近。

玩乐区与睡眠区合一

基本需求顾及到了，接着就是规划猫咪的玩乐区域。猫咪每天必做的事有：猎捕、巡视、进食、梳毛、睡觉，每一项都做到才算完成清单，而基于猎捕与巡视本能，猫咪是天生的爬树高手，喜欢待在不容易被人发现的高处观察动静或睡觉，这样的生活模式能给予他们很强的安全感。

因此，比起水平面积的开阔，猫咪更重视垂直空间。一般来说，墙面可设置猫步道，并在四周墙面安装上层板，打造环绕式动线，扩大猫咪活动范围，同时可在高处增设猫窝，让猫咪自在地在猫窝里观察或休息。如此一来，玩乐区拉高尺度，不仅满足猫咪爱攀高的天性，也能让猫咪不受人的动线干扰，可以安心睡觉。

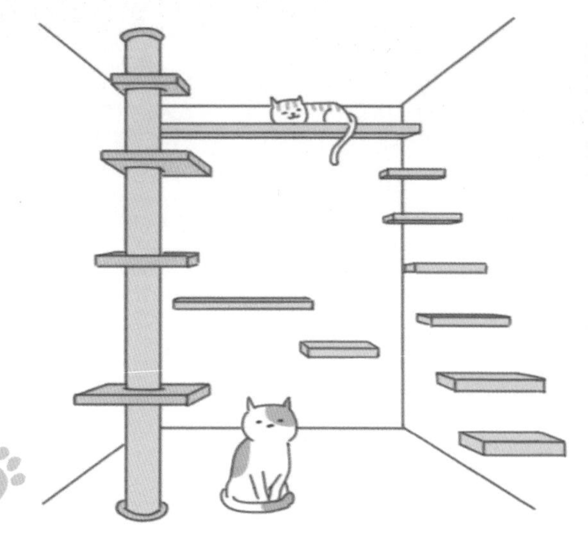

除了安装层板，也可活用柱形跳台，借此变化行走动线，制造出更多不同乐趣。

空间设计暨图片提供｜思维设计

Point 3

住宅猫化，合乎猫体工学的宅设计

专业咨询—ST design studio 设计总监 蔡思棣、MYZOO 动物缘

与猫咪一起生活，除了满足人们的居住需求，不妨将住宅猫化，依循猫的天性设计各种层板、跳台，甚至将窗台、柜子都无形融入猫咪的使用范围，既不影响人们的居住质量，又不妨碍日常动线，有效提升猫咪生活质量，让人猫都能过得更愉悦自在。

打造猫住宅，猫步道是最基本的设计，想象一下，猫咪会在走道上做什么事？奔跑、跳跃、追逐、休息。这些行为的背后，都隐藏着需要注意的设计巧思。

追逐：步道宽度是否能让两猫错身而过

跳跃：步道承重是否足以禁得住瞬间重力

奔跑：步道表面是否防滑，具有摩擦力

休息：步道是否留有趴下休息的宽度

猫窝的长、宽、高建议最多 30cm

墙面除了设置走道，也会另外设计猫窝作为休息站使用。以平均猫体形来制定标准的话，一般市面常见放在窗台、柜子上的现成猫窝的长、宽、高约为 40cm，这样的尺寸对猫咪来说空间才够宽敞；若要在墙面设计 40cm 的猫窝会过于突出，对人行走的空间造成压迫，甚至会妨碍空间动线。因此建议架设在墙面上的猫窝长宽最多在 30cm，虽然比一般猫窝尺寸略小，但也足够让猫咪蜷曲睡觉。猫窝入口大小建议 20cm 宽，正负差 2cm 都算是理想范围。

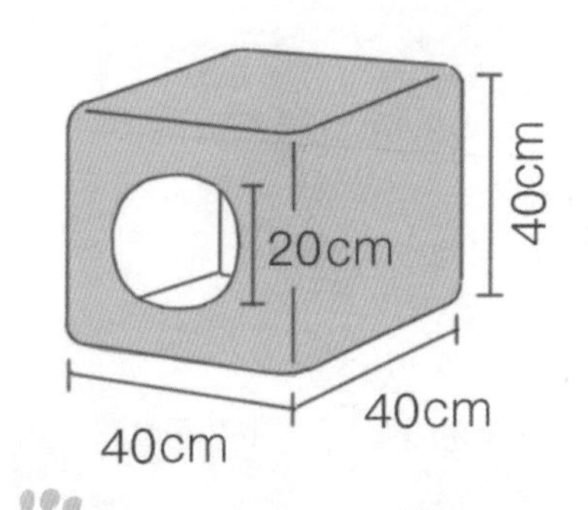

猫窝的尺寸大小，需将猫道的规划一并列入考虑，才不至于影响猫道与猫窝的使用。

猫咪在步道上奔跑时，可能会忽略周遭环境，因此猫窝的四角必须修圆，避免被锐角划伤造成危险，同时猫窝出入口也要修圆。猫窝可放在与人视线同高处，方便观察猫咪行动，也便于清洁打扫。

猫步道，预留两猫错身的深度

规划猫步道前，要先了解猫的体形，一般猫咪坐着的高度为 40cm，屁股面积约 $20cm^2$，四肢着地高度约 25cm，宽度约 15cm。单猫家庭，猫步道深度约 25cm 即可，多猫家庭考虑到两只猫交错错身的情况，深度必须在 30cm 左右，不论是行走、趴下

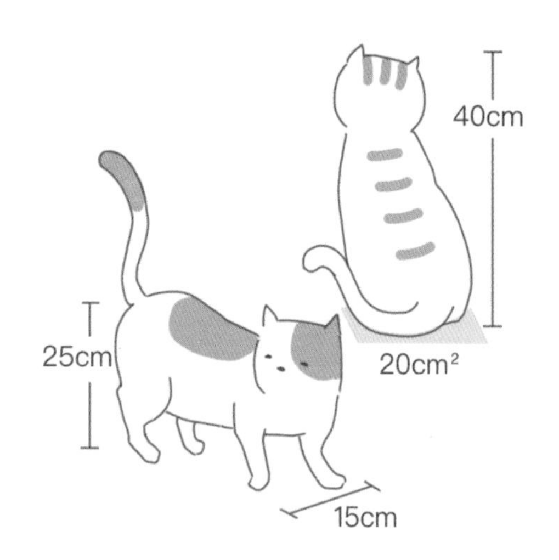

休息或两只猫交会才有足够的空间，而且这样的深度也不至于妨碍人的行走动线。层板深度做至 30cm 时，建议层板下方应加上支撑架加强，因为当猫咪跳跃的瞬间，层板若没有足够的支撑力，层板可能掉落造成猫咪摔落危险。

层板间的垂直距离需考虑猫的身高，虽然猫可弯腰而过，但间距不宜太窄，建议垂直高度约 15cm，水平距离也可留至 15cm，让猫咪行走可以更轻松。封闭式猫步道，可以增添步道的乐趣与变化，大多会采用大孔径水管来设计制作。在规划封闭式步道时要特别注意清洁便利性，最好每隔一段距离就要开孔，以免猫咪躲藏在里面抓不到，或有猫毛堆积难以清扫，建议每隔 70 ~ 80cm 的距离便可设计开孔，因为这是一个手臂长度方便打扫的距离。

由于猫咪会在走道上奔跑跳跃，容易急刹急停，因此步道材质需有摩擦力，建议使用有天然纹理的木心板、实木板，美耐板具有防水好清洁特性，但美耐板表面略微光滑，建议使用有凹凸纹理的美耐板，摩擦力高，不怕猫咪滑倒。若想增加美耐板摩擦力，可剪一小块地毯，利用魔术贴粘在层板上，方便拆卸清洗，又具防滑功能。

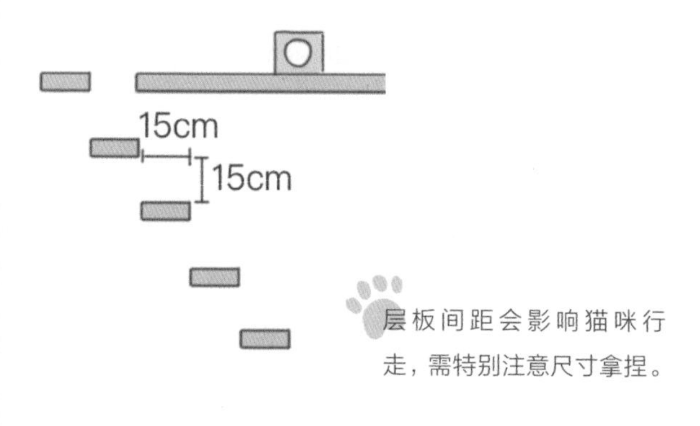

层板间距会影响猫咪行走，需特别注意尺寸拿捏。

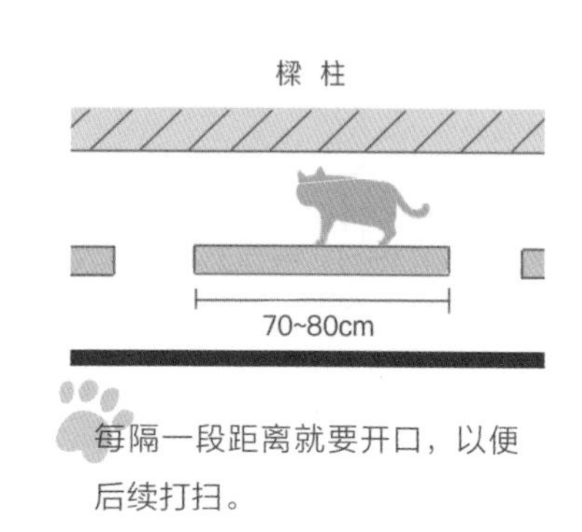

每隔一段距离就要开口，以便后续打扫。

多猫家庭有多重步道支线更好

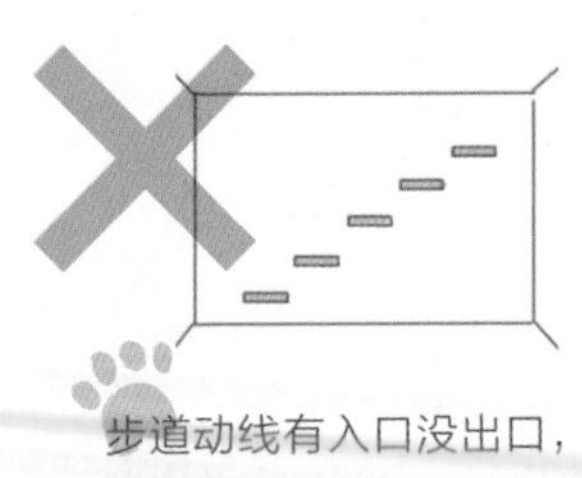

步道动线有入口没出口，猫咪无法下来。

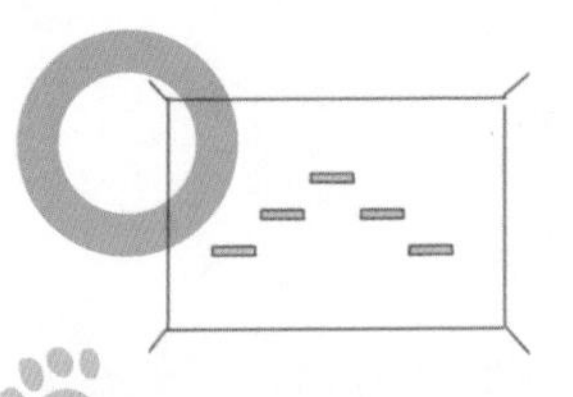

步道动线有始有终，双向出入口设计，方便猫咪直线行动。

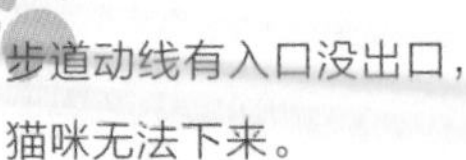

步道设计的基本原则要有入有出，猫咪习惯直线行进，不太会后退或回转而行，因此需设计出入口，让猫咪可以上下进出，以免卡在终点下不来。多猫家庭猫咪通常会有地位高低之分，地位低的猫咪容易被欺负，所以需预留分支动线，让猫咪可随时逃走。

除了利用分支动线分散猫咪路线，不妨在猫咪经过的路线设置具挑战性的跳板或互动型玩具，像是层板挖洞、垂吊小玩具等，以激发原本的野性潜能。此外，建议在角落预留可让猫咪休息的猫窝设计，满足需要躲藏睡觉的天性。猫咪最喜欢看窗外风景，可在窗边设置步道或猫窝当作休息站，让猫咪随时驻足停留或休息。步道的布局可环绕四面墙，打造出多重动线，让猫咪更能自由奔跑。

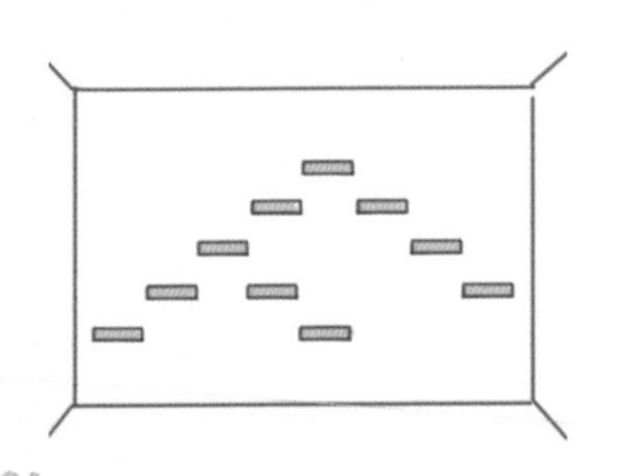

步道创造分支动线，多重路线让猫咪有选择的机会，在多猫家庭中也能避免弱势的猫咪被逼进死角，获得逃离现场的机会。

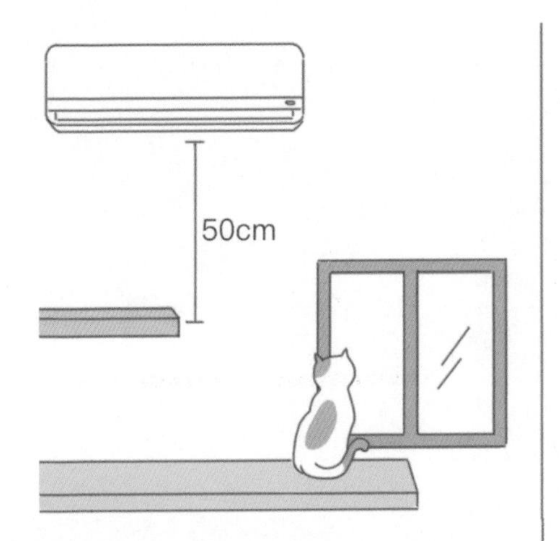

邻近冷气机的位置不建议做步道，避免猫咪跳上冷气造成危险，冷气下方若要安排步道，需距离约50cm，避免冷气直吹猫咪。窗帘建议不做垂地式改用可收合的卷帘，以免窗帘成为上下层板的路径之一。

猫步道可安装在窗户附近，让猫步道同时拥有行走、玩耍、观看风景等多项功能。

砂柜需注意通风与材质

基于美观，不少家庭会将猫砂盆隐藏在柜子里，此时需注意猫砂盆的材质与空气流通问题。好用的猫砂柜尺寸需依照猫砂盆大小来定做，一般来说，猫砂柜的内部宽度，应是猫砂盆宽度左右各加 5 ~ 10cm。比如，家中猫砂盆宽度为 40cm，左右分别留出 5cm，柜内宽度至少需 50cm 宽才足够。

猫砂柜材质必须要防水好清洁，虽说美耐板防水又防抓，但美耐板在贴合板材时，大多采用含有甲醛的胶粘剂，以致产生有害气体，因此若使用美耐板会影响健康。建议可改用木心板或实木板搭配水性涂装漆，可达到防水效果，而且不受甲醛危害。木材建议使用硬木为佳，像是山毛榉或栓木，较不容易刮伤。另外，猫砂柜应摆放在通风良好处让空气流通，内部可加装排风扇强化通风效果，避免浓重异味。

犬猫同住，让猫咪维持在高处活动

若家中猫狗同住，一般来说，狗的生活动线以水平面为主，而猫咪可扩展至垂直面，因此建议让猫咪行走的动线尽量维持在高处。比如，猫咪走道层板可靠近柜子或桌子，借此将动线串联起来，让猫咪不用在地面行走也能环绕空间四处，避免猫咪与狗狗的冲突。

可多加利用层板等设计，延伸猫咪垂直活动空间，也区分出猫狗活动区域。

空间设计暨图片提供 | 怀特室内设计

Point 4

贴心照护，和爱猫一起住到老

专业咨询— ST design studio 设计总监 蔡思棣、MYZOO 动物缘

猫咪在两三个月时活动力最旺盛，但随着年纪愈来愈大，活动力也会逐渐降低，因此居家空间不应一成不变，而是要随着家中猫咪状态做变化，以便能适时限制、满足小猫的旺盛活力，同时又关照已经出现腿脚软弱无力、视力逐渐模糊的熟龄老猫。

随着年龄不同，猫咪也会有不同的生活习性与行为，一般来说，两三个月的幼猫活动力旺盛，会尝试在家里自由探险，空间需加以限制维护安全。相对于幼猫的活动力，猫咪7岁即进入老年期，12岁就算是高龄猫咪，活动力与身体状况会渐渐不如以往，此时则需透过居家环境来辅助行动。不论是幼猫或熟龄猫都需饲主正视并细心关护，最直接的方式便是适当将居家做改造，以打造一个适合各种年龄层猫咪都好住的居家空间。

幼猫增加围片限制活动范围

以已开眼一个月的幼猫来说，活动力虽然旺盛，但仍需要悉心照顾，建议限缩它的行动范围，利用笼子或是围片栅栏圈出范围，并在内部放置猫砂盆、饮水与食碗。这时猫砂盆与食碗的距离近一些没有关系，这样比较方便幼猫活动，并能学习如何使用猫砂盆。若是未开眼的奶猫，则建议利用箱子或收纳篮作为猫笼使用，并在内部铺上柔软的毛巾，同时准备钨丝灯，透过灯泡照射的热度有助奶猫维持体温。

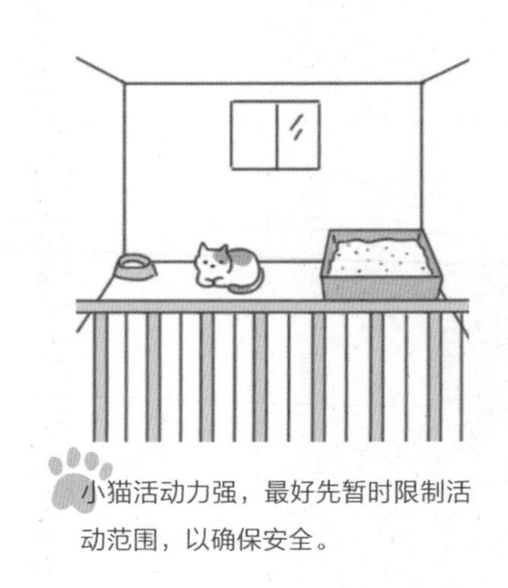

小猫活动力强，最好先暂时限制活动范围，以确保安全。

冬天铺设地毯与电暖器维持保暖

高龄猫体温调节能力会逐渐下滑，因此维持适当的体温变得很重要。夏天可以尝试帮猫咪的腹部剃毛，同时开窗或开冷气，注意维持22℃～25℃的舒适室温。冬天则建议在地面铺设地毯，走在柔软的毛毯上能减轻猫咪的腿脚负担，也具有保暖效果，而电暖器的定温设计，能让空间温度不会过于寒冷，有效维持猫咪体温。

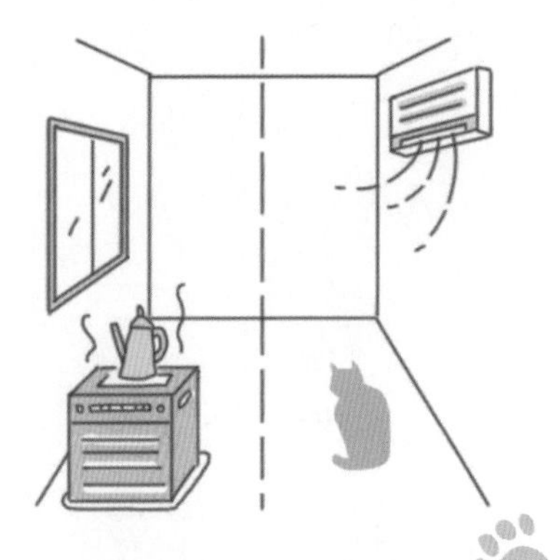

猫咪怕冷又怕热，尤其体温调节力会随年龄下滑，因此饲主需利用冷气、电暖炉等器具，适时调整室温。

增加斜坡或矮柜，协助登高

即便是老猫，也还是有着登高望远的渴望与天性，一旦发现猫咪的跳跃力逐渐不灵活，无法跳上窗台或猫走道，可在猫咪惯常瞭望风景的起始点增加斜坡设计的楼梯，让猫咪缓步上楼，或是多加矮凳或矮柜，让跳跃高度缩减一半，降低猫咪跳跃的负担。此外，猫步道每个层板的垂直与水平距离也建议缩短，以能缓步行走的步距取代。以垂直距离来说，从猫肩膀到地板的高度较为合适。

老猫跳跃力变差，可利用椅凳、矮柜协助，减低猫咪跳跃的负担。

缩短猫砂盆、饮水与食碗的水平距离

由于高龄猫活动力会逐渐降低，对外界敏感度与专注力也会下降，有时腿脚也会开始无力，活动范围会逐渐缩小，甚至有些猫咪还有失禁问题。因此猫砂盆建议放在高龄猫活动区内，避免路径过长，影响腿脚。饮水与食碗也同样拉近距离，减少猫咪行走距离。另外，饮水与食碗也要架高设计，避免让猫咪必须蹲伏才能吃饭、喝水，伤了关节与颈部。

老猫行动力变慢、变迟缓，因此尽量将食碗、猫砂盆靠近在平时活动范围。

Case of CATS

Chapter 4 实践篇

HOME DATA
●面积●
102 m²
●家中成员●
2 大人 + 2 猫
●建材●
超耐磨木地板、
实木皮板、涂料、
玻璃、瓷砖

Case 01

可共享可独立，幸福加倍的定制猫宅

文字—Celine
空间设计暨图片提供—十一日晴空间设计

●玄关入口结合收纳储物空间

借由格局动线的重新修正，原始入门左侧阴暗无窗的小餐厅，变更成以灰色横推拉门构成的收纳储物空间，包含鞋柜、外出衣物柜等充裕的储藏家具，地坪铺面则特意选择瓷砖材质与室内做出区隔，自然质朴的实木抽屉柜作为入口端景，亦提供收纳与台面置物需求。

对屋主夫妇来说，与猫咪生活是一种幸福的陪伴，因此这间老屋改造，便朝着主人与猫咪们既能共享空间，又能保持各自独立的关系为设计主轴。首先是格局上的改变，因应 2 人 2 猫使用而做了大幅度调整，将原始小 4 房变更为 2 房，封闭厨房和位于角落无窗的小餐厅挪移，成为更开放的厨房、中岛与长型餐厅连接，客厅一旁的半开放式书房则是男主人收藏乐高的秘密基地。考虑猫咪们目前还是年轻小猫，正值活泼捣蛋的阶段，为了避免它们日后学会开门，空间里的横推拉窗、横推拉门皆可双边上锁，当主人想独处、有安全顾虑时，便能将门片合起，彼此获得舒适与自在。

除此之外，因应屋主夫妇喜爱阅读，电视主墙以书墙为主体，融入猫屋、猫走道、猫门设计，让猫咪们可随意进出，加上开放与封闭设计，满足猫咪们喜欢躲藏、跳跃的习性，并规划行走路径，引导至为它们特意加深的层板上，互相依偎欣赏窗外景致，量身定做的猫宅就此展开舒服美好的生活。

设计重点 key point

A 将猫屋、走道等功能与书墙整合，并另设猫门让猫咪可随意进出。

B 猫屋最上层有通往左侧书墙高处的路线安排，可抵达宽敞层板，让猫咪可在此欣赏风景。

C 书墙右侧是可让猫咪自由进出的猫屋。

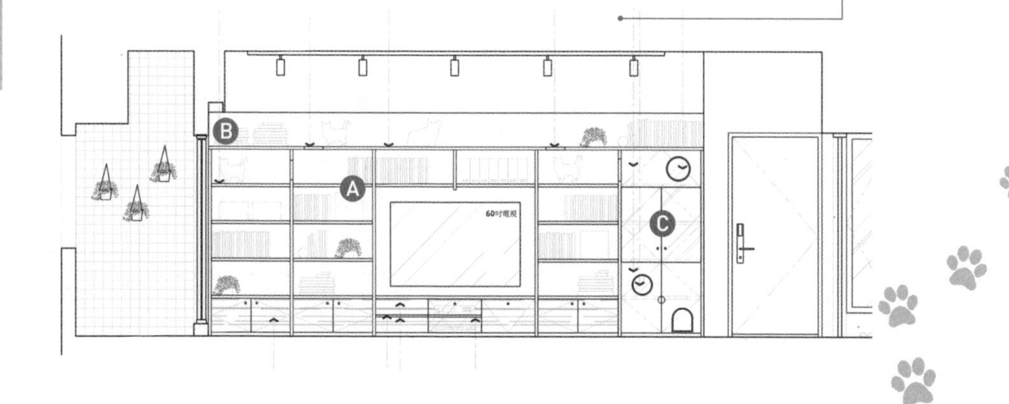

横推木窗让人猫可共享也能独处

应男主人收藏乐高的嗜好，客厅后方规划为专属书房，与沙发相邻的一侧隔间采取横推木窗，加上横推拉门设计，皆赋予双边可锁上的功能，当屋主想独处时，捣蛋的猫咪就无法自由进出。此外，可双边收纳的转角书柜既增加藏书量兼具隔间，也可限制猫咪们从书柜进入书房。

●活泼清新的日式复古餐厨

原始封闭狭小的一字形厨房获得释放，借由格局大幅调整，得以整合中岛吧台，由于收纳空间已足够，因此一字形厨具舍弃吊柜，改为采取开放式层架，并舍弃天花板设计，令空间更宽敞舒适，也多了分自在悠闲的生活感。

●电视墙整合猫屋、猫道与书墙

屋主热爱阅读，除了书房的大面书墙，电视主墙也整合书墙概念，同时成为爱猫们自由行走、躲藏、窥探、游戏的专属小窝，书墙右侧拥有让猫咪自由进出的猫屋，猫屋最上层又有通往左侧书墙高处的路线安排，最后可抵达特别安排的宽敞层板上，互相依偎欣赏风景。

●独立干货区存放猫咪罐头干粮

隐藏在厨房内侧还有一个可开放可独立的餐具柜、干货区，这里存放了罐头饲料，拉门同样具有双边上锁设计，当屋主为猫咪们准备餐点时就能暂时锁上，将猫咪暂时隔绝在门外，免得打翻食物。

●明灰蓝色块勾勒隐形床头板效果

主卧房比例经过妥善调整，享有更充裕的衣柜收纳功能，在适当的高度之下，以灰蓝色画出一条水平轴线，色块宛如床头板般的效果，配上复古灯具，简单却有味道，一侧更从衣柜末端拉出木工制作的半圆层板作为床边几，小巧又实用。

●结合实际空间情况来设计干湿分离卫浴

扩大后的卫浴空间，满足淋浴、泡澡、干湿分离的规划，为保留浴室内完整的窗面，洗手台处收纳改为侧柜形式，特意下降处理，方便淋浴时有便于置物的平台。

HOME DATA
●面积●
73 m²
●家中成员●
2 大人 + 2 猫
●建材●
铁件、玻璃、乐土、
超耐磨木地板、文化石、
实木皮、瓷砖、系统柜

Case 02

夫妻与二猫的通透浪漫工业宅

文字— Fran cheng

空间设计暨图片提供—怀特室内设计

灰墙 vs 古典线板勾勒冲突美感

起居空间主墙铺以花灰与墨绿的复古色调，围塑出轻工业风颓废感，而深色新古典家具与仿旧木地板，则散发自然而舒适的慵懒氛围。另外，墙面上仿造古典线板的线条，搭配壁灯、立灯与吊灯等多层次的暖黄光源让视觉更聚焦，推升古典与现代的冲突美感。

喜爱山野居的屋主夫妻养有两只猫宝贝，由于这“一家四口”都喜欢无拘无束的通透大格局，因此，在买下这栋拥有大露台及环绕绿海的山景房后，屋主便委托设计师将新屋从毛坯房状态重新配置出专属格局。屋主夫妻对空间需求不多，只要求一间房，猫咪要有自己个别的猫屋。另外，两人对更衣间与卫浴特别重视，希望放大格局来规划。

在格局上设计师先将主要的起居间、卧室与更衣间都面山而设，再搭配开放规划的餐厨区，以及穿透玻璃隔间的卧室设计，让室内几乎每一区都能直视户外的绿意山色、享受自然光影，以发挥出这栋房子的立地优势。而两间猫屋则分别规划于入门左侧墙面的黑色高柜与厨房左侧的灰泥墙柜内，两间猫屋都可直达天花板，除内部设有猫跳台及游憩设备，并将两处猫屋相互串联作出一条空桥走道，给予爱猫更灵活自由的活动空间。最棒的是一黑、一灰的猫屋与相邻的餐柜在功能上可明确切分隔离，但造型却融为一体、毫无违和感。

设计重点 key point

A

黑色猫屋与餐柜合并，将功能划分清楚，即可成就互不干扰的生活场域。

B

利用空桥走道将两间猫屋做串联，也打造出更灵活自由的活动空间。

C

利用收纳柜深度整合猫砂盆收纳、跳台等多重功能。

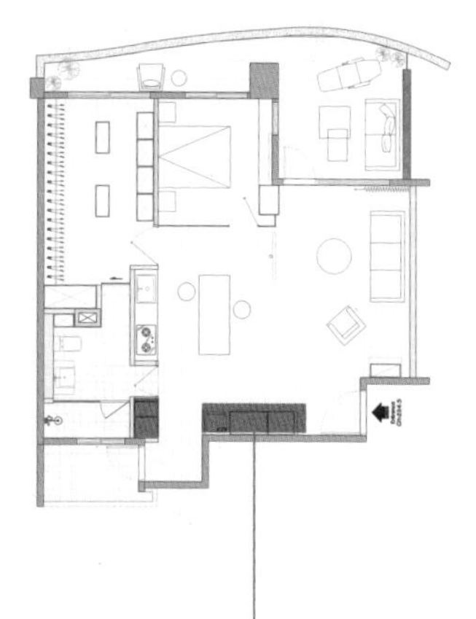

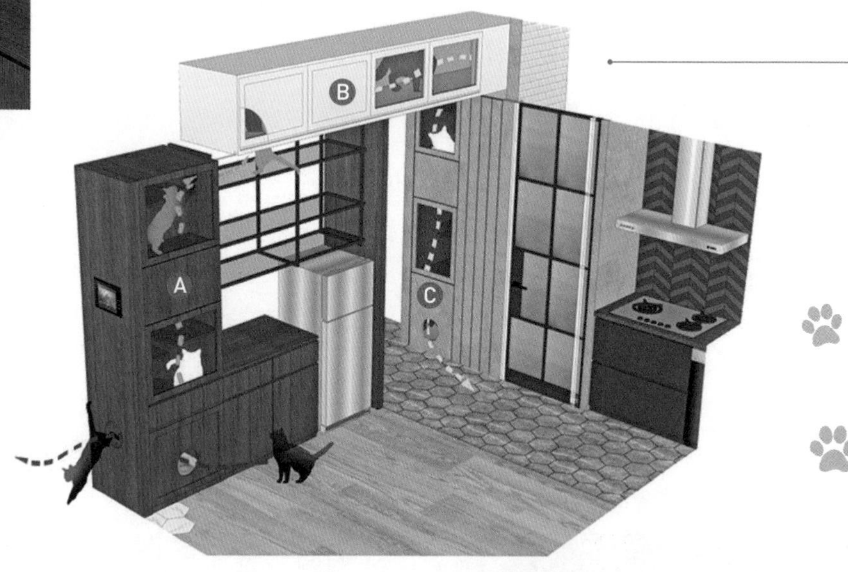

●电视柱取代墙面展现无拘感

为了成就更无拘束的生活感，客厅与餐厨空间采合并开放设计，同时舍弃电视墙，改以电视柱取代，黑色轻盈的造型铁柱搭配可自由旋转的观赏角度，不只避免了空间因墙面切割而显得零碎的问题，也让餐区与客厅都方便观看电视。

●亲山大露台与穿透设计好自然

这个房子不仅有面山拥绿的立地优势，同时有可直接走出去的大露台，为了凸显这些优点，将起居区、主卧室、更衣间等屋主特别重视的空间安排在面山的坐向，室内更配合开放格局与穿透的格子窗隔间设计，好让屋内每个区域都可享受自然光影与窗外景致。

●灰黑酷厨房藏有猫咪游乐场

在餐厨区可找到隐身在厨房左侧的猫屋，因巧妙采用泥色墙避免了猫屋的突兀感。不常在家开火的夫妻对厨房需求度不高，因此，餐厨区只以简单设备搭配中岛吧台餐桌为主体；随着卧室玻璃隔间及电视柱设计让餐厨区摆脱阴暗感，并将设计重点放在水泥粉光的中岛餐桌与人形贴法的黑色瓷砖墙面，展现出进化版的工业风设计美感。

●天花板下巧设隐藏式猫道

入门红砖墙旁紧接着一座黑色木皮餐柜，这面墙柜除了提供餐厨区小家电摆设与收纳功能外，同时复合规划了一座猫屋。为了让猫宅融入设计中，设计师利用收纳柜深度来整合猫砂盆收纳与猫咪活动游戏的跳台等设计，再搭配天花板下的隐藏式猫道规划，让泥灰与黑色猫宅串联，巧妙扩大猫咪活动范围。

●猫屋动线与餐柜互不干扰

爱猫心切的屋主贴心为两只爱猫各规划了一间猫屋，但无论是灰色或黑色猫屋，在设计师的巧妙规划下均可完全融入整体设计风格中，尤其黑色猫屋虽与餐柜合并，但是双边在功能上分割清楚，成就了互不干扰且共享的生活场域。这样的规划也考虑未来性，若将来房屋易手，也可轻易将猫屋转换作其他用途。

● 主卧铁件玻璃墙增进互动性

单纯睡眠区的主卧格局虽不大，但因对外直临窗边山色，对内采用铁件搭配玻璃构成的穿透隔间，因此无论是视觉或空间感都相当开放无拘；而对于夫妻俩，这样无隔阂且可望穿全室的格局设计也更能增加彼此互动关系，甚至随时随地可以望见爱猫的举动。

● 明快黑白对比呈现复古色调

为了满足屋主对卫浴空间的高要求，将厨房后段一个房间大的空间规划为浴室，并连通更衣间争取更多自然采光。干湿分离的卫浴空间以黑、白对比色调营造经典时尚感，同时搭配立体瓷砖线条勾勒，展现出美式复古优雅品位。

●采光充足的五星级大更衣间

屋主一开始便提出大更衣间要求，因此设计师特别选在采光面安排独立更衣间，整个更衣间除了在动线可与卫浴区连通更显方便外，也可直接走出户外至卧室阳台，而充足自然采光，加上二排轨道灯设计，更让这间更衣间在穿搭时完全无色差疑虑。

HOME DATA
●面积●
74 m²
●家中成员●
1 大人 + 3 猫
●建材●
超耐磨木地板、乐土、
铁件、系统柜、玻璃

Case 03

多动线猫咪廊道，打造毛小孩趣味乐园

文字—Celine

空间设计暨图片提供—里心空间设计

●隔间镶嵌猫门，任意穿梭公私领域

在兼顾大量收纳需求以及屋主偏好简约利落的设计，除了玄关入口设置复合式鞋柜，电视墙也规划了悬空式抽屉，抽屉右侧开放区块则隐藏了一个猫门，让猫咪可穿梭至卧室和主人撒娇玩耍，最侧边的铁网门片既可让设备器材散热，也可避免猫爪破坏线路。

屋主是一位超级爱猫人士，陆续养了三只猫咪，当初因为喜欢挑高空间的舒适性，想给猫咪宽敞的玩耍范围才决定购入。规划过无数猫宅的里心设计，便彻底善用 3.6 米的空间高度，为猫咪们创造出一条可循环走动的山形廊道，起点可以是楼梯或是电视墙侧边的层板。若是由楼梯往上行走，穿过夹层白色储物柜左下的小房子造型洞口，内部甚至设计了小踏阶，可通往书墙上方的廊道，接着它们可选择继续往前、从电视墙而下，亦可左转、利用打开隔间后打造的层板走道，再度回到夹层空间，借由多动线行走设计，让猫咪们极尽享受地在每个角落玩乐。

除此之外，运用客厅半隔墙、书房梁下空间，打造一座 90cm 高双面柜，以及夹层倚墙面书墙，甚至是楼梯下的畸零角落也有大量的收纳规划，让空间除了满足猫咪，也极大满足屋主的储藏需求。

设计重点 key point

A 利用 3.6m 高度优势，为猫咪们打造一条环状动线。

B 电视墙右侧柜体隐藏亦有设计猫跳台，让猫咪可穿梭至猫道。

C 行经沙发上方的猫道特意开了玻璃小天井，让主人可随时看到猫咪踪影。

楼上

楼下

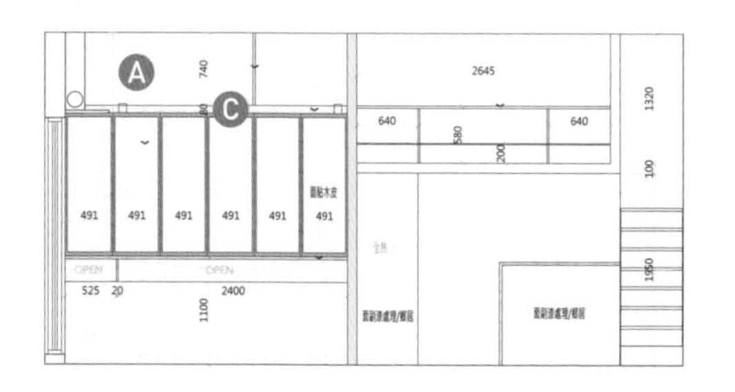

●弹性折窗凸显开阔舒适性

由于家庭成员简单，加上屋主为在家工作者，喜欢开阔不受拘束的空间感，于是选择取消客厅后方隔间，以可弹性开合折窗规划，让屋主在书房工作时可选择暂时将折窗合起，防止猫咪干扰，同时利用折窗下方空间打造双面柜，一侧可收 CD、一侧则是书柜。

●轻量感扶手创造宽阔通透感

由客厅望向玄关与餐厅处，楼梯下每个阶梯尽是丰富的储藏空间，以利落简约的铁件作为扶手，刻意配置于右侧墙面，让视觉延伸，创造宽阔通透的空间感受，玄关地坪亦采取水泥粉光与超耐磨地板做出些微的落尘高度，方便屋主打扫。

● 40cm 层板高，猫咪年老阶段也能使用

夹层空间局部利用墙面规划书墙外，其余则留白释放空间感，弹性作为客房使用。此处连接两条猫道，猫咪们可从沙发上方的猫道再走回夹层区域，猫洞尺寸自然依据猫咪身材量身打造，也碍于折耳猫年老后较无法跳高，这边的层板高度特别调降至40cm 左右。

●扩增备餐台、电器柜

原始建商配置了ㄇ字形厨房，然而一侧却多了水泥半高墙，在多方衡量之下，利用木制台面予以包覆修饰，巧妙成为餐厨之间的备餐台、吧台，并于左侧即时钟墙面后方空间增设完善的电器柜，满足各式生活物件的收纳。

●让猫咪们自由走动玩乐的天空猫道

挑高 3.6m 的高度优势，让设计师足以尽情发挥为猫咪们打造一条多动线天空猫道，猫咪们可选择由楼梯或是电视墙一步步往上，沙发上方的猫道特意开了一道玻璃小天井，当猫咪走过或躺在这里休憩时，主人一抬头就能看见可爱的猫爪和猫肚，适时得到疗愈纾压。

HOME DATA
●面积●
43 m²
●家中成员●
1 大人 + 2 猫
●建材●
海岛木地板、
系统柜、铁件

Case 04

全室开放，猫咪恣意游走不拘束

文字｜EVA
空间设计暨图片提供｜ST design studio

●**去除隔间，重获开阔生活**

由于仅有屋主与两只猫居住，拆除两房隔间，改以半高电视墙区隔出主卧与客厅，130cm 高的柜体能巧妙遮掩视线，即便在公共领域也能保有隐私。电视墙两侧留出走道，回字动线的设计在公私领域穿梭游走不受限，让人猫行动都自如。

在这仅有 $43m^2$ 的小面积空间中，原本有着 2 房 1 厅的格局，不仅屋主生活其中显得狭窄，猫咪活动也处处受限。由于只有屋主一人居住，因此拆除隔间，引入明亮光源，小空间瞬间放大，巧妙利用半高电视柜隐性划分客厅与主卧，电视柜两侧不做满，形成开放的回字动线，不论人或猫的行动都更为自由不受限。

经历过狭窄生活的屋主，特别选用轻巧的沙发与餐桌，减少家具占据空间的视觉感受，也便于随时更动布局，重获开阔生活。考虑到猫咪需要释放活动力，餐厅墙面规划开放层架，收纳屋主收藏的书籍，层板深度刻意拉深至 30cm，让猫咪也能自在地在墙面游走，并搭配可移动层架设计，随时变换行走路线，让猫跳台更多变、有趣。沿窗设置铁件吊杆，满足屋主莳花弄草的心愿，也利用悬吊盆栽设计，有效避免猫咪误食，地面则采用海岛型木地板，柔韧的木质素材让猫爪具有抓地力，可在空间中尽情奔跑跳跃。

设计重点 key point

Ⓐ 开放式层架，除了收纳功能，层板深度拉深至30cm，让猫咪可在墙面安全自在游走。

Ⓑ 靠窗处舍弃柜体，留出猫砂盆放置空间，给予猫咪安心的私密空间。

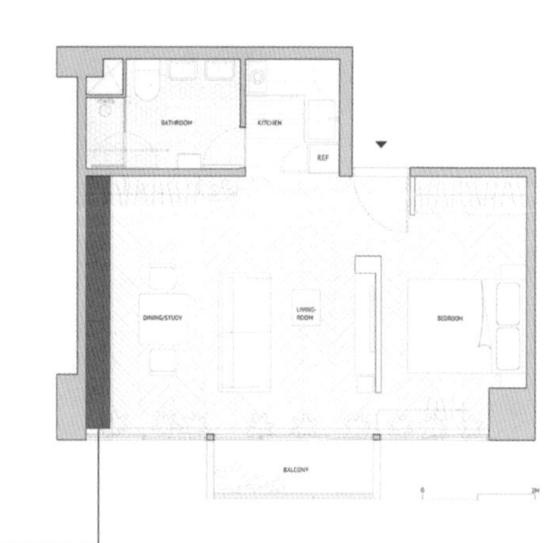

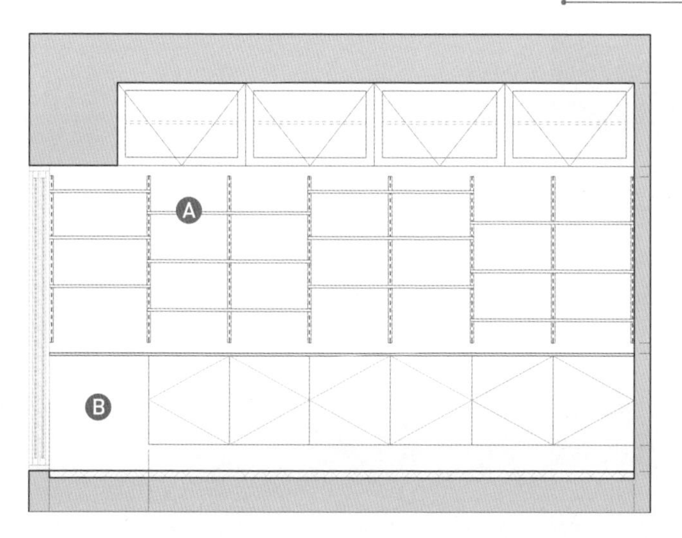

●移动式书架，兼具跳台功能

为了让猫咪有充足的活动空间，餐厅书墙特地采用可移动式层架设计，能依需求方便调动位置，创造跳台动线。并将层板加深为30cm，取代一般的25cm，不仅可收纳书籍，也留出猫咪便于行走的过道空间。

●沿窗留猫砂盆空间，美观又通风

书墙下方改以不落地柜体，打造轻盈视觉之余，也无形延伸地板，扩大空间感。靠窗处舍弃柜体，留出猫砂盆置放空间，不仅通风，约 85cm 高的空间也不阻碍猫咪进出，给予安心的私密空间。

●面窗悬吊绿植，防止猫咪误食

善用大面落地窗的优势，沿梁下设置铁件吊杆，可兼具晒衣与绿植布置功能，并能透过满室绿意为空间带来生机。刻意采用悬吊设计也能有效避免猫咪误食与破坏植栽，满足屋主建造一隅城市小花园的心愿。

●轻巧家具，空间开阔利于跑跳

为了让空间更显开阔，选用轻巧沙发与小型餐桌，减少家具体积与数量，不仅生活空间更有富裕，猫咪也能自由行走与奔跑，无死角设计也方便关注猫咪行踪。地面采用人字拼海岛木地板，提供厚实温润的踩踏触感，猫咪奔跑也获得抓地力的反馈，不伤关节。

●位移厨房，换取完整格局

原有餐厅与厨房对调，让餐厅与客厅位于同一动线，形成方正连贯的开阔格局。墙面则以深灰色系点缀，灰白相间让空间更显沉稳，同时设置悬吊挂衣杆，开放设计一目了然，满足屋主可随时挑选衣物的期待。

●铺陈浅灰色系，简约舒适

主卧墙面以浅灰铺陈，中性无机质色彩有效沉淀空间情绪、打造舒眠的暗房效果。考虑到猫咪需时时巡逻地盘的天性，主卧舍弃隔间，保留最大程度活动空间，让猫咪能恣意游走。

●微调卫浴，打造开阔空间

由于原有的卫浴空间过小，因此将卫浴隔间向外位移，也多了双面盆的空间，洗浴体验更为开阔不拥挤。墙面则铺陈小型方格砖，配置珐琅材质面盆，玻璃拉门也拉出黑色框线，展现浓厚的欧式风情。

HOME DATA
●面积●
132 m²
●家中成员●
2 大人 + 4 猫 + 1 狗
●建材●
清水模、木地板、
铁件、实木

Case **05**

飘浮猫屋创造人与猫生活游戏共存场域

文字｜陈佳歆

空间设计暨图片提供｜虫点子创意设计

●简化空间配色表现住宅温暖调性

整体空间在白色基底中加入原木色增添居住温度，搭配电视墙的清水模质感让感性氛围融入理性，右方收纳由玄关柜延伸到客厅，与下方电视柜皆采用悬浮设计，减少大体量带来的压迫感，左方阳台延伸空间调性，铺上塑木地板及格栅形塑轻松休闲感。

屋主夫妻两人都很喜欢小动物，目前家里成员总共有四只猫、一只狗还有一缸鱼，他们对于新居的需求很简单，希望当他们不在家时能给猫咪一个安全玩耍的窝。而新成屋拥有很好的采光面，因此设计师不仅要提升空间优势，同时也要创造出一个宠物与人和谐共处的环境。女主人的工作空间规划在客厅后方，这里将临窗的局部隔间墙拆除，利用卧榻串联客厅和工作空间，并置入一个玻璃盒作为猫屋，这样不但增加了采光面也形成一个自由的回字动线，构成生活与游戏的相互交叠地带，透明猫屋在这里也成为一个展示背景，创造出人和猫之间不预期的互动关系。

整体空间利用半透明材质及悬浮、镂空设计，创造明亮轻盈的视觉感，像是半开放式厨房利用玻璃拉门保有公共区域的开阔感，而玻璃猫屋则借由圆形铁管及后方墙面作为支撑，让方型量体能轻盈地在空间中飘浮；单纯的配色与层层穿透交叠的空间形式，营造出丰富的层次感与宠物共处的居住趣味。

设计重点 key point

Ⓐ

猫屋天花与侧边位置，采用木格栅设计，借此达到透气与透光效果。

Ⓑ

猫屋以后方墙面及中间圆形铁管支撑，轻化猫屋体量，圆柱并绑上麻绳，成为让猫咪磨爪的猫抓柱。

Ⓒ

猫屋采用具有穿透性的玻璃材质，增进人猫互动性。

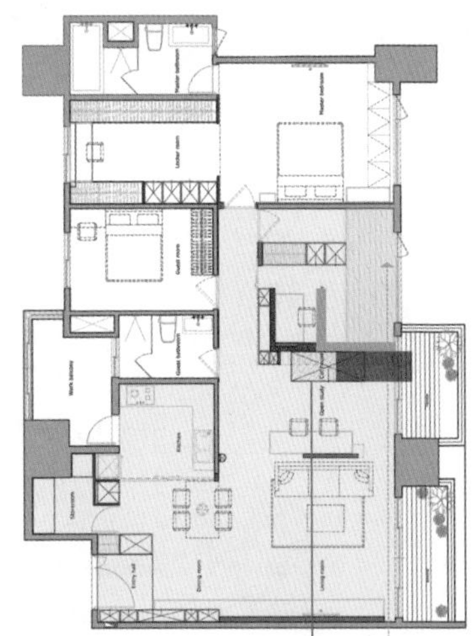

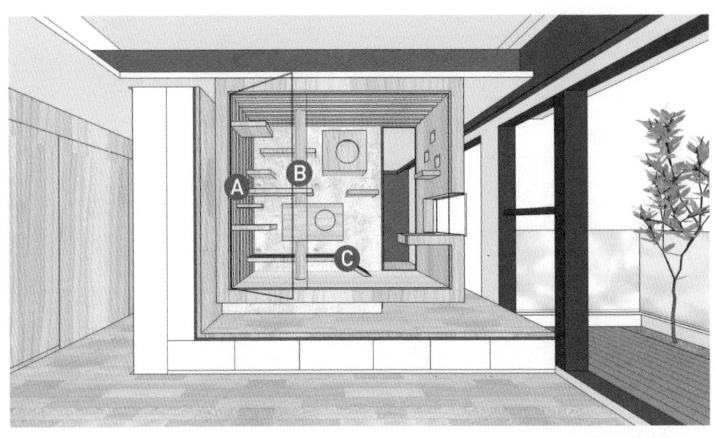

●以空间中的空间概念置入猫屋

打破一般隔间墙的形态，将猫屋以玻璃盒的形式置入，形成一个空间中的空间，屋主和他的猫咪在这里可以产生许多意想不到的互动；猫屋主要以后方墙面及中间圆形铁管支撑，因此整个量体可以轻盈飘浮在空间中，以展示柜的形态存在。

●善用材质与设计展开空间可能性

公共空间以穿透式材质与设计手法展现开放感，从不同视角观看都延伸出不同景深，客厅后方规划开放书房区，提升屋主运用空间的弹性，界定区域的书房矮墙考虑到计算机及接口设备的配置，以简单的内凹设计成为置放打印机及遥控器的空间。

●卧榻设计扩展光线和生活场域

猫屋后方为女主人的工作空间，拆除靠近窗户的局部墙面，以卧榻设计创造客厅与工作空间重叠的暧昧地带，同时形成一个人与猫都能自由穿梭的回字动线，卧榻式设计可以直接变成床铺使用也兼具收纳机能，安装平条玻璃拉门能让屋主视使用需求用来区分公私领域。

●运用设计手法无痕界定内外空间

将鱼缸和鞋柜整合在入口玄关处成为半穿透的空间界线，由于屋主饲养的是海水鱼，鱼缸下方必须放置专门的设备及通气系统，因此将门片设计成格栅造型，同时兼具美观及散热透气；玄关地面则以不同材质界定出内外空间。

●结合猫咪使用情境设计猫咪豪宅

猫屋天花与侧边以具透气与透光效果的实木格栅设计，面窗一侧开出的方形镂空特别作出斜面造型，防止猫咪从洞洞钻出来，同时也为爱看风景的猫咪设计一个舒适的观景窗面对高楼窗景，猫屋内则根据猫习性规划跳台及可躲藏窥视的小空间。

●运用跳色处理卧室主墙营造氛围

主卧沿着窗边做出卧榻设计，并在地板预埋轨道增加了可以放置笔记本电脑的移动小桌子，电视墙简单使用暖灰色油漆营造沉稳的寝居气氛；左侧更衣室使用半穿透的拉帘取代固定门片，让光线仍然可以彼此穿透流动。

HOME DATA
●面积●
78 m²
●家中成员●
2 大人 + 2 猫
●建材●
黑铁、OSB 板、松木合板、
木纹砖、水泥镘光、红砖、
镀锌钢板、地铁砖

Case 06

不着痕迹的工业风个性猫宅

文字｜Chloe Chen

空间设计暨图片提供｜丰墨设计 Formo Design Studio

●吊柜前后错落打造趣味猫道

窗户上方的收纳吊柜不仅有收纳功能，更把吊柜深度从原先的 60cm 缩小为 35cm，多出的 25cm 成为猫咪的专用通道，再透过柜体前后交错的方式，打造出动线特殊又具趣味的猫道。

喜欢工业风的屋主两人都是科技业工程师，两只猫咪是家中的重要成员，先领养的公猫 Baron 害羞怕生，从乡间营救来的母猫 Annie 则外向、爱与人亲近。屋主期望家中空间是人猫共享而非壁垒分明，也不希望有猫柱之类常见的猫宅设计。

为此，设计师将公共空间维持开放式设计，采用裸露天花板搭配粗犷混凝土主墙、仿旧红砖墙与黑铁等工业风重要元素，营造出屋主喜爱的工业风；再运用 OSB 板与松木合板两种不怕猫抓的材质打造活动式家具，方便好客的屋主在家举办各类聚会；兼负猫儿阶梯功用的 OSB 板展示书柜同样可随意组合，透过变换摆设位置，时时为猫儿创造新鲜感。没有明显常见的猫宅设计，以人猫皆可使用为出发点，创造出猫儿可活动玩耍而屋主也可使用的实用设计，同时将猫咪的个性与体形纳入考虑，以不着痕迹的方式打造美感与功能兼具的猫宅，让人与猫都能自在地享受居家生活。

A
吊柜深度从 60cm 缩小为 35cm，多出的 25cm 成为猫咪的专用通道。

B
柜体采用前后交错安排，打造动线有趣的猫道。

C
OSB 木箱和玻璃柜是跳台兼隐藏阶梯，并与空中猫道串联成一个玩耍动线。

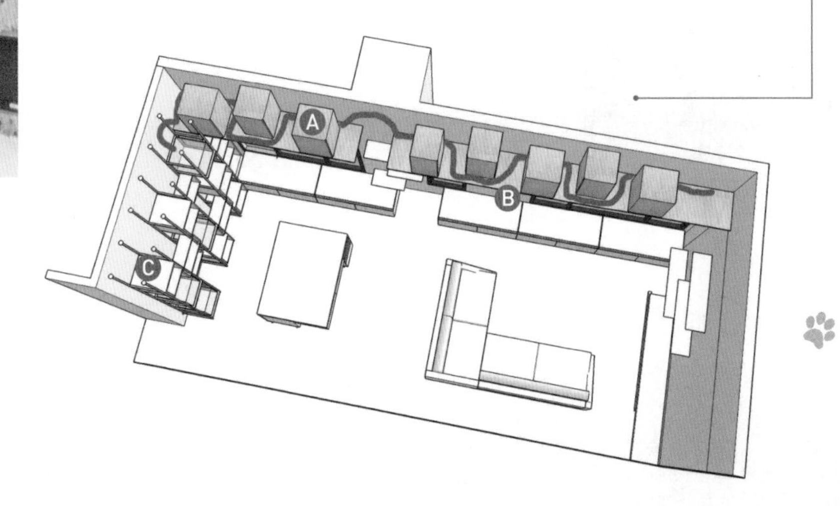

●如乐高般可变换的书柜猫墙

以男屋主喜爱的乐高积木为灵感，设计出可任意组合的书柜猫墙。以黑铁为主架构，搭配一深一浅的 OSB 木箱和玻璃柜，是实用展示书柜，也是猫咪的跳台兼隐藏阶梯，让猫咪能从柜顶跃至猫道与空中步道；三种箱体可随意变换排列，为猫咪增加生活乐趣。另外还贴心地在黑铁上涂刷绵绵漆，创造粗糙表面，降低猫咪跳上跳下时滑倒的风险。

●冷媒管变身猫咪空中步道

安装在工作区上方的吊隐式空调，原本连接着一条不甚美观的冷媒管，因此设计师把冷媒管套上充满工业风格的金属螺旋管，不仅美化修饰原始管线、维持工业风格的整体感，更让冷媒管摇身一变成为备受猫咪喜爱的空中螺旋管步道。

●不怕猫爪子的灵活家具

屋主常举办各式聚会，因此家具设计为活动式，从沙发、茶几、卧榻、中岛下方柜到书桌，皆装有可固定滚轮，让空间使用更有弹性。特别选用 OSB 板和松木合板两种不怕猫抓的材质打造家具，并采用同材质的松木合板定制多个猫砂盆，让猫砂盆的出现不显突兀。沙发底座空间除了收纳、放置猫砂盆，也是猫咪躲藏的好去处。

●黑铁展示架是隐藏式猫跳台

拆除粉刷墙面，以裸露混凝土呈现工业风十足的客厅主墙，电线皆采 EMT 明管，符合工业风调性且不必担心猫咪抓坏管线。主墙面与梁柱下方设置的黑铁层板是展示架也是猫跳台，主墙层板刻意只上透明漆，日后黑铁氧化、产生锈色时，就能自然呈现时间推移的美感。

●精细拿捏猫咪的安全距离

屋主选择以投影机取代电视，因此投影机和部分视听设备都悬挂在沙发上方，为了避免猫咪误触电器管线，与屋主讨论、确认猫咪平日大概的跳远距离后，将设备网架设置在距离猫道 90cm 以上的位置，成为猫咪看得到但跳不到的平台，保护视听设备也确保猫咪的安全。

●红砖配水泥中岛凸显工业风

工业风重点之一就是开放宽敞感，为此，除了规划玄关鞋衣柜，更规划出一间储藏室，大小杂物都收纳于内，让空间变得更清爽宽敞。选用红砖、镀锌钢板门片打造储藏室外墙，保留施作砖墙时产生的白华现象，营造类似旧墙的效果，加上一层透明漆，让仿旧感更持久，搭配水泥镘光中岛与水泥吊灯，更加凸显工业风特色。

●实用木纹砖为空间增添温度

喜欢木地板质感的屋主原本考虑采用实木地板，但考虑猫咪长期在木质地板走动跑跳难免会造成抓痕，在设计师建议下改用具有仿旧木料斑驳质感的木纹瓷砖，既不用担心抓痕，也容易清洁保养，还能呈现木地板质朴的视觉效果，在以粗犷工业风为主调的空间中，带来温暖随性的居家氛围。

HOME DATA

●面积●

149 m²

●家中成员●

3 大人 + 1 小孩 + 4 猫

●建材●

铁件、水泥板、
柚木木皮、文化石、
栓木木皮、玻璃

Case 07

给爱猫五星享受的LOFT都会宅

文字— Fran Cheng
空间设计暨图片提供—星叶室内装修设计

●文化石白墙调亮 LOFT 灰黑色调

为弥补无独立玄关的格局，在大门与电视墙旁设立一座木柜做区隔，搭配中空设计给予入口区与室内穿透的视觉，同时也可增加玄关区的置物平台。客厅电视墙采用白色文化石墙面来铺陈出独特粗犷质感，而且大面积白墙也可调亮以灰、黑色彩为主的 LOFT 色调。

对于屋主一家人来说，养了多年的猫咪们就像家人一样，换新家时当然也要将他们的需求一并考虑在内。已是第二次接受屋主委托新屋规划的星叶设计表示："屋主喜欢轻 LOFT 风，加上要求一定要给四只猫咪一个专属的家，因此，如何将猫屋融入风格居家成为设计一大重点。"首先，在客厅利用沙发后与主卧室之间规划一道包括有一座大猫屋，以及结合展示柜、储藏间与收纳柜的复合四面墙柜，并且以水泥板、铁件与铁网片等元素来凸显粗犷不羁的 LOFT 风，而其间穿插应用的木肌理门板则可为空间增加温度。同样元素也被转换设计作为餐厨区天花饰板，设计元素相同且左右呼应更加深印象，同时遮板也成功遮掩餐区天花板的巨大低梁。

为了让爱猫住得更舒适，猫屋内配备有小木屋、楼梯、跳板外，墙板设计为可移动式层板，屋主可随时变更猫跳板位置、嬉戏动线，增加猫屋趣味性。另外，猫屋里特别加装抽风设备，避免宠物气味弥漫空间里，堪称五星级设计。

设计重点 key point

A

以铁件构造搭配铁网片与水泥板等耐磨好清理建材，打造融入空间风格的猫屋。

B

猫屋里特别加装抽风设备，避免宠物气味弥漫空间。

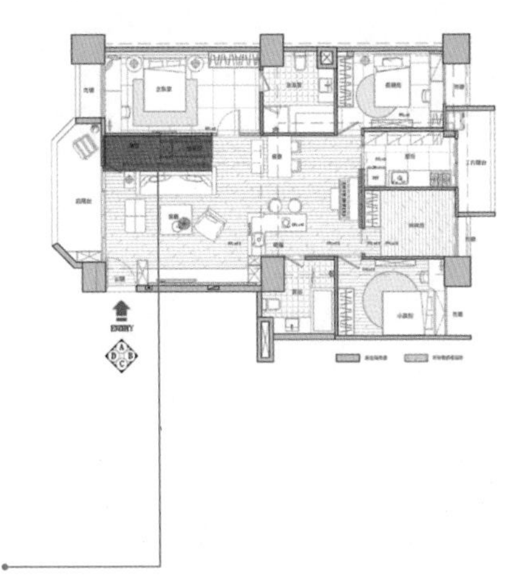

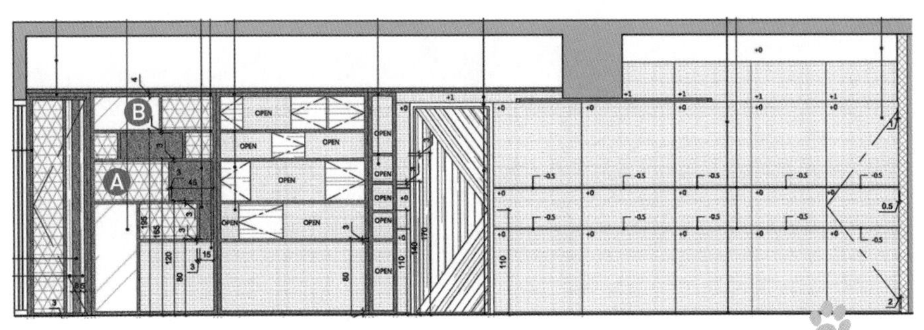

●红色单椅为工业风注入都会品味

以屋主喜欢的轻工业风为设计主轴，除了采用裸露天花板提升屋高，并漆以灰色调营造刚冷氛围，至于管线则漆以红色做跳色效果；另一方面，家具同样在主要沙发上选择灰色皮革，搭配亮眼红色单椅为室内注入都会品味，也给予空间更多活力。

●天花装饰遮板成功虚化大梁

餐厨区域依屋主饮食习惯量身打造，除设有独立中式厨房外，餐厅旁也规划一座中岛吧台，让家人多一个互动的料理餐饮平台。餐厨区上方的横梁，为避免压迫感，特别以铁件、木皮、铁网等建材设计装饰遮板来虚化大梁体量，并与客厅设计元素链接，强化工业风印象。

●猫宅旁连接四面可用的超级墙柜

由餐厅望向客厅可见到沙发后方的复合柜体设计，这是利用猫屋深度而增设的复合柜体。结合客厅展示薄柜、侧开门的储藏间，以及给主卧使用的收纳柜，甚至在猫屋面也有门柜可收纳猫咪用品，可说是四面俱全的超级墙柜，同时利用柜体深度取代墙面厚度，既增加空间利用率，也不用担心隔声效果。

●十足疗愈的水蓝色主卧室

主卧室以清爽恬静的水蓝色做为主墙色调，为屋主创造安定舒压的疗愈效果；此外，为了提升卧室机能，在窗边利用有限的空间设计一长桌搭配坐榻，让屋主夫妻可在此闲聊或休憩。

●融入 LOFT 风的五星级猫宅

客厅沙发后端以铁件构造搭配铁网片与水泥板等耐磨好清理建材，为四只爱猫打造出融入整体风格的五星级豪宅，内部除拥有可调动式层板设计，让屋主可以随意帮猫咪变换不同高低的跳台或动线，另外，还有木猫屋、阶梯等设备，最棒的是猫屋顶还有抽风设备，保持清新空气。

HOME DATA
●面积●
89 m²
●家中成员●
2大人+1猫
●建材●
超耐磨木地板、
白橡木、梧桐木

Case 08

木质基调 诠释自然疗愈猫宅

文字— Celine
空间设计暨图片提供—曾建豪建筑师事务所/PartiDesign Studio

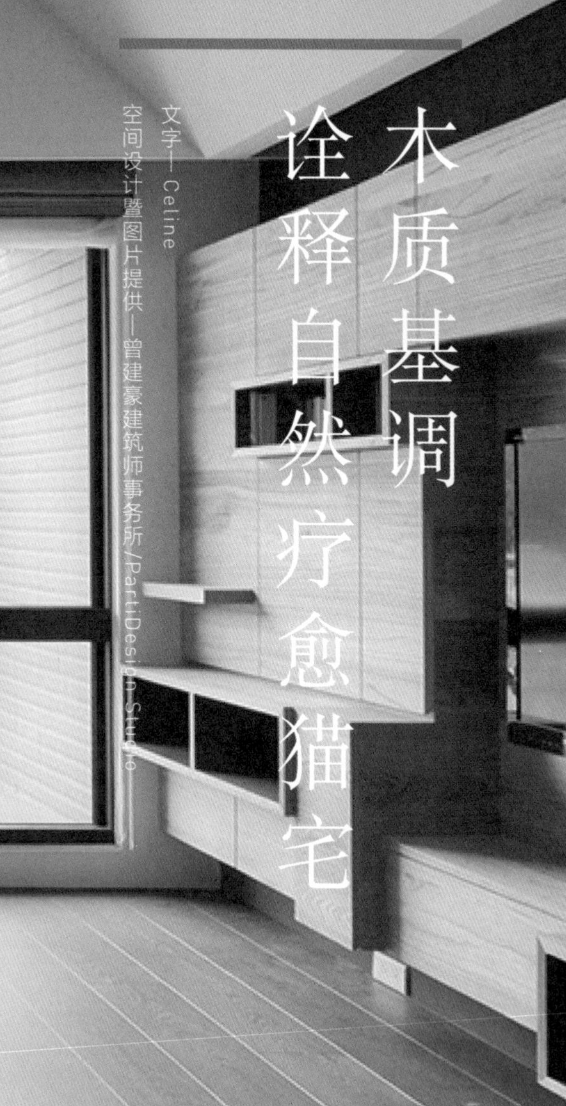

●柜体、材质划设独立玄关

进门入口利用悬空式柜体，以及地面材质的转换，划设出隐性独立的玄关空间，不仅维持视觉的开阔与延伸效果，也提供基本的鞋、物收纳需求，中间的镂空平台与抽屉，则可方便收纳钥匙或是信件等小物。

关于新家改造，屋主希望能以自然木材质营造出自然放松感，回到家能消除一天的疲惫，加上房子窗外也拥有绿意环绕的条件，于是，大量运用白橡木、梧桐木构筑成空间温润木质基调，看似毫无任何猫咪相关设计，其实是将猫咪的生活动线巧妙融入居家。

由于猫咪喜爱黏着屋主夫妇，原有客厅后方的小房格局予以开放与公共厅区串联结合，书桌可前后移动更改阅读方向，可面向窗外或餐厨使用，猫咪也能窝在坐榻上陪伴主人。至于客厅的复合式柜墙，木头块体般交错堆栈的造型，融合各式多元储物需求，包含设备影音、CD、书籍等，适当尺寸高度安排，让琐碎生活对象妥善隐藏，而这些块体形成高度落差、立体层板，同时也是猫咪的趣味阶梯跳台，偶尔还能趴着慵懒休憩。除此之外，原本放进衣柜后几乎无法行走的主卧，借由格局与出入动线的重新配置，达成可置入大衣柜的收纳功能，并利用大滑门作为主卧入口的造型墙面，当门片合起时，餐厨与书房的关系连接更为紧密。

A
利用木头体块交错排列的造型，与体块形成的高度落差，成为猫咪的阶梯跳台。

B
借由舍弃一房规划出开放式格局，为猫带来更宽阔的活动空间。

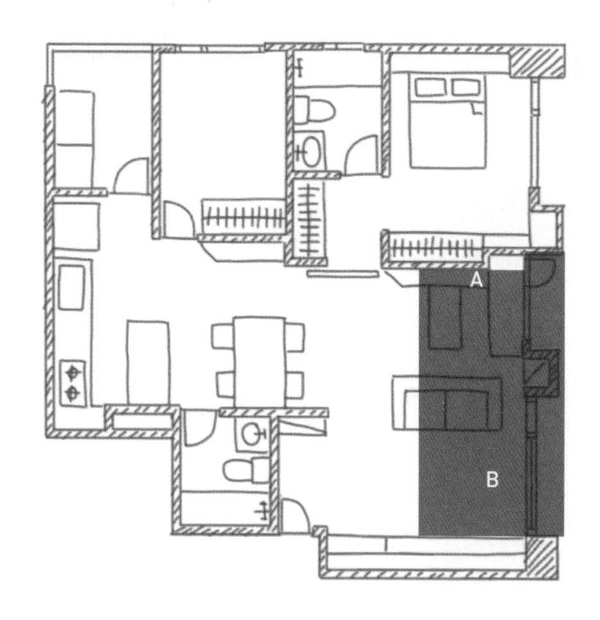

●开放式书房、坐榻维系人猫互动

原本位于客厅后方的小房拆除后，以开放书房形式与公共厅区紧密连接，带来更宽阔舒适的空间感，也让平常黏人的猫咪能随时看见主人，可前后移动的书桌，能弹性改变阅读坐向，窗边坐榻就是猫咪陪伴主人最佳的休憩角落。

●挪移中岛赋予流畅宽敞动线

开放式厨房多数保留原始新成屋配置状态，中岛吧台位置稍微调整，让餐厨动线更流畅宽敞，厨具吊柜下壁面饰以灰黑烤漆玻璃材质，便于清洁擦拭，亦可反射窗外绿意景致，餐厅右侧柜墙利用线条与格状分割方式创造轻盈视感，也扩增丰富的展示与收纳功能。

●大滑门造型墙隐藏主卧入口

主卧房门的出入动线重新配置，利用大滑门作为出入口的造型壁面，右侧书墙特别以 45° 斜角设计，让屋主进出推拉门片时避免撞到，而大滑门合上时，书房和餐厨的空间关系也变得较为紧密。

●堆叠木块满足收纳与猫跳台功能

电视墙面利用梧桐木交错堆叠，创造出屋主喜爱的木头块体质感，而这座墙面不但结合影音、CD 和书籍等各式生活对象收纳，块体的交错高度、平台，也正好将猫咪的阶梯跳台隐性融入，同时满足人与猫的需求，却又不感到突兀。

●微调格局提升大量衣物收纳

原始格局配置 3 房，房间面积并不宽敞，主卧在放进衣柜之后几乎无法行走，因此设计师调整格局，让主卧最后可置入一个大容量衣物收纳柜，床头部分也利用梁下做出吊柜与床头柜，窗边则将建筑结构产生的畸零角落一并规划隐藏收纳，善用每一寸空间。

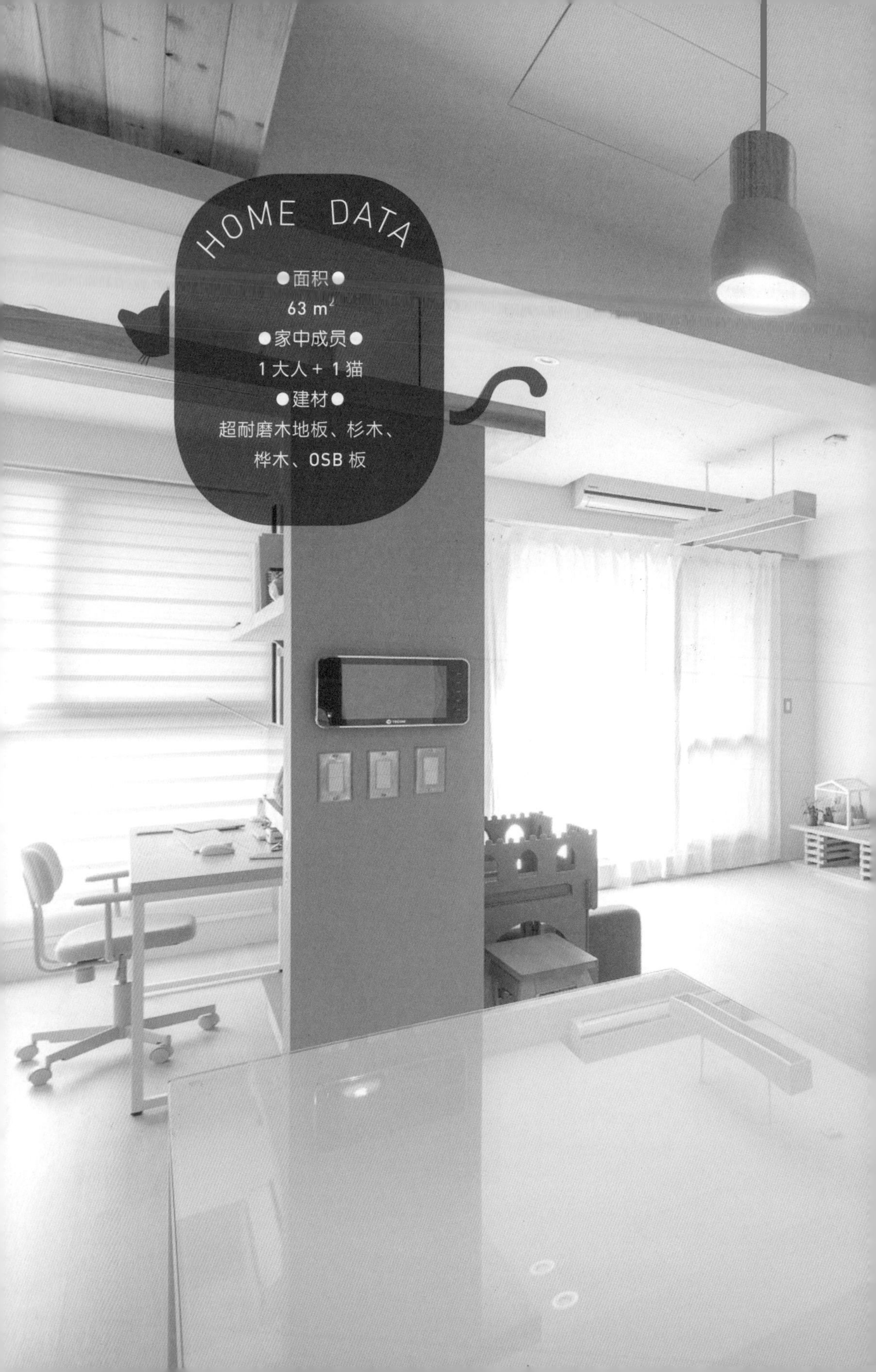
HOME DATA
●面积●
63 m²
●家中成员●
1 大人 + 1 猫
●建材●
超耐磨木地板、杉木、
桦木、OSB 板

Case 09

自由走动生活的日式清新猫乐园

文字— Celine

空间设计暨图片提供—里心空间设计

贴心猫设计

●猫砂盆隐藏柜内

考虑阳台空间有限，便由厨具一侧拉出一面柜体，利用最底层的空间，将猫砂盆隐藏在内部，洞口刻意采用小房子造型，增添可爱意象，同时也让猫咪方便进出、保有良好通风。

从小套房换到 63m² 的房子，屋主就是希望能给爱猫无拘束的生活环境，以及可以上下玩耍的猫跳台、独立的猫砂空间。设计师首先从格局方面开始思考，由于是一个人居住，加上新成屋厨房、卫浴状况良好，因此仅将 2 个小房间并为 1 个大房间，客厅隔间稍微后退一些，争取较为开阔的空间感，一方面也将局部隔间改为清玻璃材质，获得通透延伸的视觉效果，同时搭配木层板、玻璃镂空设计，猫咪就能从客厅跳上层板，接着穿过玻璃洞口，再往书桌前的层板一路往下，为猫咪打造出趣味的游乐动线。

除此之外，屋主还有养鱼的兴趣，加上猫咪也喜欢发呆看鱼，玄关入口储物柜左侧利用桦木夹板为跳台，并预留猫洞规划，让猫咪可以从电视柜往上行走至鱼缸前方。而另一侧以厨具为水平轴线所发展的鞋柜，也一并整合猫砂盆收纳，运用可爱的小屋造型为开口位置，洞口直径约 15cm 左右，让猫咪能方便进出使用，亦可保持良好通风。

设计重点 key point

A

储物柜平台延伸形成跳板，猫咪可跳上跳板走到鱼缸处看鱼。

B

隔间局部做玻璃镂空设计，让猫咪可以随意进入卧房。

C

书房的一侧墙面，利用不同长度木质层板创造出猫咪踏阶、跳台。

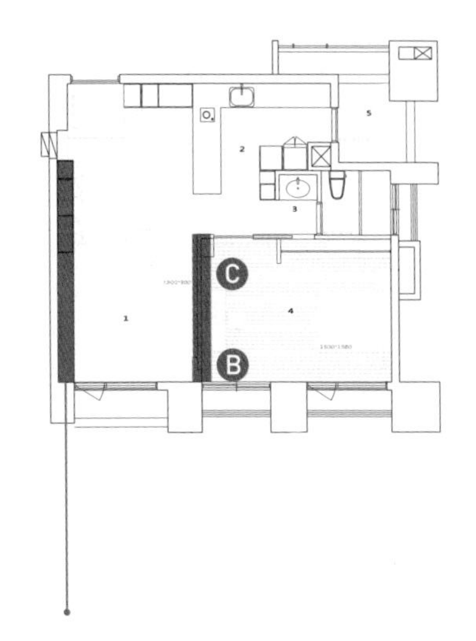

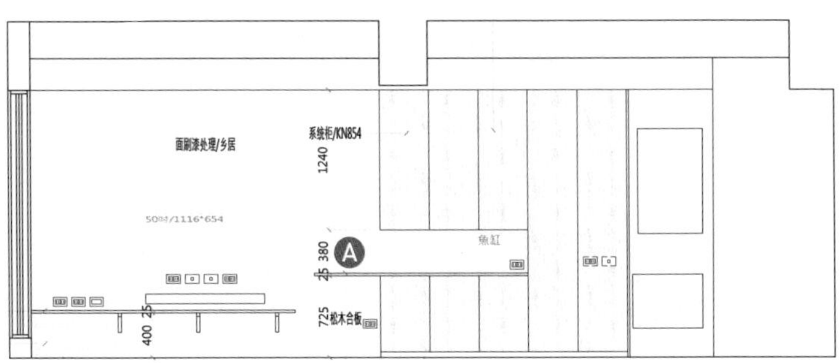

●扩增电器柜完善生活区功能

虽然开发商原有附设厨具与吧台，然而餐厨空间仍缺乏电器收纳功能，因此设计师利用管道间结构墙面规划出冰箱位置、电器柜，与一字形厨具成为黄金三角动线，面对吧台处及厨具末端，则以开放层架设计，兼具展示用途，OSB 板、木头材料也增添温暖氛围。

贴心猫设计

●通透隔间整合猫跳台、猫洞

原有 2 间小房整并为 1 间大房，客厅隔间同时往后退，扩增空间尺度，隔墙除了运用跳色带出视觉层次，局部更以清玻璃结合木层板，最下层玻璃镂空设计，让猫咪可以随意进出卧房。

●延伸桦木夹板满足猫咪看鱼

回应屋主对简单、日式木质基调的喜爱，客厅主墙刷饰纯净的白色，设备柜体利用角材、桦木夹板打造而成，右侧储物柜平台结合屋主养鱼嗜好，以桦木夹板延伸，好让猫咪能跳上踏阶走到鱼缸处看鱼，其他高低处夹板则可作为书架使用。

●三道猫洞，活动无设限

合并成 1 间大房的主卧空间，将一侧墙面规划为书房，并利用不同长度的层板创造踏阶、跳台，猫咪可由最上面的玻璃猫洞、最底下的小屋猫洞或左侧的镂空玻璃大猫洞任意穿梭公私领域，享受自由自在的游乐动线。

●玻璃滑门衣柜降低压迫感

主卧床头以灰白跳色涂料刷饰，不规则线条设计，创造有如手感刷饰般的自然效果，大面积衣柜量体，选用雾面玻璃拉门形式，清透质感降低视觉压迫，柜内配置简单上、下吊杆，让屋主能依据使用习惯搭配活动收纳盒。

HOME DATA
●面积●
89 m²
●家中成员●
2 大人 + 1 小孩 + 5 猫
●建材●
超耐磨木地板、
花砖、系统柜

Case **10**

舍一房，换来人猫共享的开阔餐厅

文字— EVA
空间设计暨图片提供—思维设计

●**超耐磨地板与猫抓布沙发，耐刮又舒适**

原地面的抛光石英砖过于冰冷，因此客、餐厅改铺陈超耐磨地板，踩踏舒适温润，让年纪尚小的女儿可在地面活动，也不怕猫爪刮伤地面。客厅沙发也选用防猫抓布材质，有效预防猫爪侵袭抓破，防水耐刮，清洁更容易。

在这 89m² 的空间中，原为 3 室 2 厅的常见格局，屋主希望能有家人齐聚使用的大餐桌，同时能给家中五只猫一个栖身的游憩场所，因此决定拆除客厅后方的书房隔间，将餐厅配置于此，并搭配收纳以兼具书房功能。隔墙拆除后不仅采光变好，延展空间视野，也成为家庭聚集的重心。为了让空间更有暖度，客厅、餐厅铺陈超耐磨地板，让家人踩踏更温润，也能有效防止猫爪抓花地板。

餐厅墙面设置洞洞板收纳架，这是专门留给家中猫咪的跳台游戏区，满足猫咪攀高的天性，也能方便观察家人行动。定做的洞洞板可随时调节层板的设计，跳台路线就能随心移动，模仿野外的变动环境，也让猫咪更有乐趣不单调。而为了让空间更加美观，沿窗设置猫砂柜隐藏，猫砂柜也可当作卧榻使用扩增座位区，即便有客人来访也坐得下。考虑到猫咪进入猫砂盆的坐高，猫砂柜拉高至 52.5cm，猫咪使用时也不狭窄，打造猫体工学的贴心设计。

设计重点 key point

Ⓐ 猫砂柜高度拉高至 52.5cm，宽度 62.5cm，相当富余的空间，猫咪使用也舒服。

Ⓑ 可随时调节层板洞洞板设计，就能随兴改变跳台路线，化解固定动线的单调。

Ⓒ 层板下方特别加强固定，确保猫咪行走、跳跃时的安全。

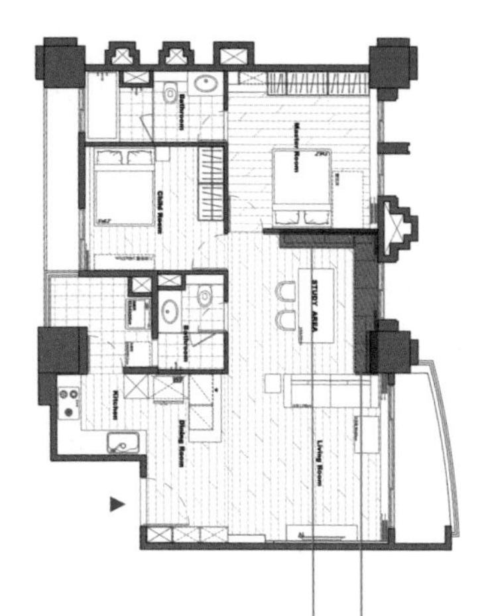

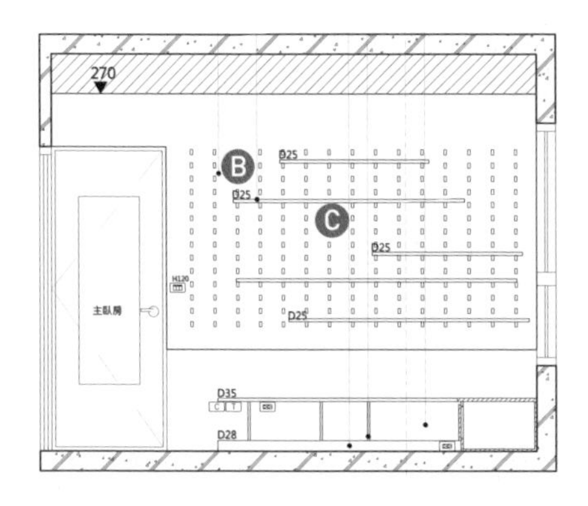

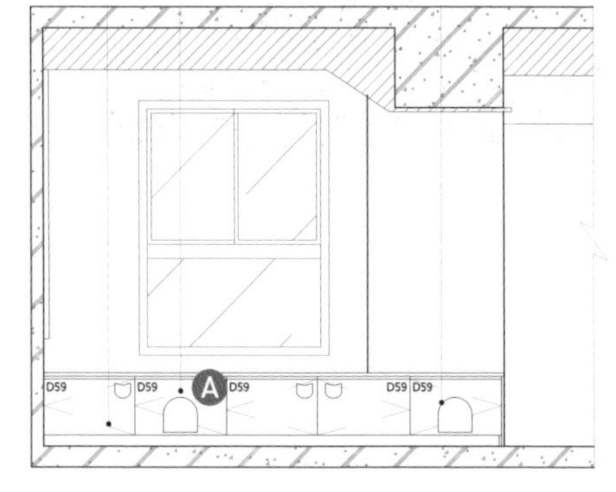

●点缀花砖，凸显视觉层次

客厅、玄关、餐厨全然开放，巧妙在客厅电视墙点缀花砖，隐性分隔玄关与客厅领域，斜向切割的电视墙搭配缤纷的花砖图样，具有律动感的线条，丰富视觉层次，成为公共区吸睛焦点。

●移动式跳台，满足猫咪登高习性

特地将餐厅墙面留给猫咪使用，利用洞洞板设计打造可移动的跳台层板，清浅木色质地巧妙融入居家不突兀，也能让猫咪随心跳跃，生活更自在。考虑到猫咪跑跳的瞬间重力，层板下方加强支撑固定。

●沉稳色系，带来舒眠氛围

为了打造舒眠情境，主卧床头墙面铺陈灰蓝色，宁静的色系可沉淀空间情绪，营造沉稳舒适氛围。衣柜一侧则安排简单的化妆台，满足女主人收纳与使用需求，室内窗帘采用木百叶，避免猫咪攀爬扯坏。

●猫砂柜兼卧榻，具备多重功能

由于家中有五只猫咪，因此猫砂盆数量也不少，为了让空间更整齐美观，沿着窗下设置猫砂柜隐藏，统一空间视觉，同时也能当成卧榻使用。猫砂柜采用双开口设计，猫咪可自由进出；并将猫砂柜高度拉高至 52.5cm，宽度则有 62.5cm，以增加使用舒适度。

HOME DATA
●面积●
89 m²
●家中成员●
2 大人 + 2 猫
●建材●
比利时进口超耐磨木地板、
强化玻璃、茶色玻璃、
定制五金、栓木皮喷漆处理、
特殊漆、雪花家榆多层钢刷

Case 11

陪喵星人一起变老的北欧宅

文字—Chloe Chen
空间设计暨图片提供—禾光室内装修设计

●开放空间让人猫都舒适

公共区域采开放式设计，用 130cm 的半高电视墙区隔出客厅和餐厅区域，打造具流动性的回字动线，增加人与猫更多活动空间与互动机会；再选用玻璃拉门作为琴房隔间门，拉门收合时，透过视觉延伸效果，创造纵深感，空间更显宽敞舒适。

12 岁的黑猫 Gabee 和 11 岁的折耳猫 Pocky 与屋主相伴多年，屋主将它们视为家人，因此在规划这间新婚宅时，将人与猫的需求都纳入设计重点。为了营造出屋主夫妇喜欢的北欧风，设计师运用大量木材质元素，以具立体感的浅色钢刷木皮搭配草绿色木皮，打造北欧风特有的自然感。公共空间采用开放式设计，在餐厅区为猫儿规划跳板和空中猫道，兼顾猫咪垂直、水平动线，也增加人与猫的互动机会。

私人空间部分除了为屋主预留未来的儿童房，还在多功能琴房内规划两间猫屋，让猫咪拥有隐秘不受打扰的空间，给予小孩更多安全感。爱猫的屋主不刻意限制猫咪活动范围，家中每一处都欢迎猫咪走动，连主卧室的门也特别开了一个猫洞方便猫咪出入。种种贴心设计，让屋主在简洁舒适的北欧风居家中，一边等待迎接新生命的到来，一边陪伴喵星人优雅地老去。

A

猫道宽度留至 30cm，让两只猫可顺畅行走，开口加大至 30cm × 25cm，方便猫咪轻松上下猫道。

B

考虑年纪渐长的猫咪行动力，跳台踏阶间隔缩小到 31cm，深度则加宽到 36cm。

C

琴房的猫道延伸至窗户旁，方便猫儿随时到窗边晒太阳、看风景。

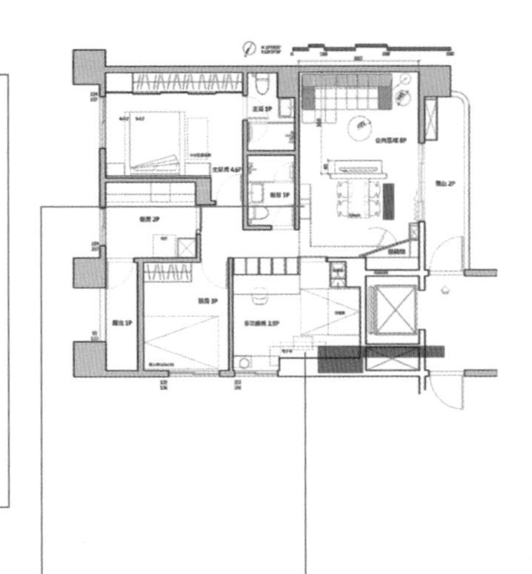

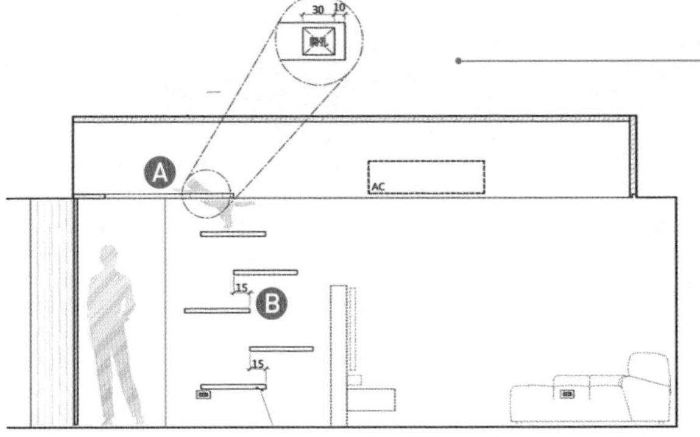

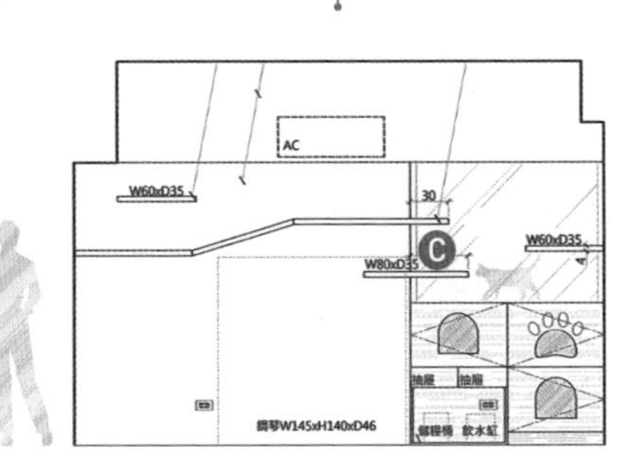

●缩小间距的贴心猫跳台

以错落层板的方式在餐厅区墙面打造猫跳台，让猫咪可以一路跳上猫道。跳台层板选用实木贴皮材质，特别上了一层透明漆，保护木皮纹路本色。考虑到两只猫咪年纪都不小了，为避免上下跳跃时受伤，参照猫咪体形，将跳台踏阶间隔缩小到31cm，深度则加宽到 36cm，确保每个踏阶都有足够的面积让猫儿站稳。

●阳光猫道配独立猫屋好舒压

相较于好动的 Gabee，Pocky 则胆小、爱独处，也不太喜欢跳至高处，因此规划适当的猫房对 Pocky 来说更显必要。设计师将一大一小且可互通的猫屋设置在多功能琴房的窗户下方，中间做了直径 30cm 的开口，搭配可收纳式跳板，方便两只猫穿梭进出。琴房内的猫道刻意延伸到窗户旁，方便猫儿到窗边晒太阳、看风景，惬意地度过日间时光。

●木材质元素对猫咪更友善

用大量木材质营造整体一致性，透过喷漆创造的草绿色木皮更串联起空间，从电视墙、琴房猫道到主卧衣柜都可见绿意木皮；利用北欧风撷取自然意象的手法，以耐脏的石头纹理特殊漆打造沙发背景墙，搭配超耐磨木地板，不但为空间带来自然质感，更可降低猫咪滑倒的风险，让喵星人能在北欧森林氛围里，享受美好生活。

●双面书柜提高使用率

以双面书柜取代多功能房的部分隔间墙，不仅创造收纳功能、提高空间使用效益，也为猫咪提供更多躲藏地点；特别选用茶色玻璃作为双面开放式书柜的分隔板，让光线和视觉感都能保有穿透性。琴房这一侧的书柜采用结合书桌的设计，使这个房间成为具备书房、客房、琴房与猫房的多功能空间。

●可俯视公共空间的猫道

从餐厅区一路延伸到转角储藏室的天花板猫道，提供猫咪更多活动区域，也让喵星人在猫道上就能俯视整个公共空间，擅长跳跃又喜欢居高临下的 Gabee 就爱待在猫道上观察屋主。依照猫咪体形，选择宽度 30cm 的猫道，猫儿可顺畅行走，不会有塞车问题，猫道上也做了 30cm × 25cm 的开口，让猫咪能轻松上下猫道。

●用一面墙满足多样功能需求

将梳妆台、电视、衣柜全部整合在同一道墙面，既创造强大收纳空间又满足多样功能需求，成功地节省空间，因此在仅有 $15m^2$ 的主卧室内仍可预留婴儿床位置；由于主卧门特别开了一个猫洞门，猫咪能自由进出主卧，只要将柜体门片拉上，不必担心猫儿可能偶尔想在梳妆台玩耍捣乱，也能轻松维持卧室的简洁清爽度。

HOME DATA
●面积●
231 m²
●家中成员●
2 大人 + 1 小孩 + 3 猫
●建材●
特殊涂料、火头砖、
实木贴皮

Case 12

在自由开阔的空间，享受人猫彼此陪伴的时光

文字—王玉瑶

空间设计暨图片提供—子境空间设计

●收纳串联打造无敌收纳量

为了满足收纳需求，沿着侧墙以高柜规划收纳，选用白色减少柜体压迫感，同时也能与顶棚做串联，紧邻高柜的开放收纳墙，以鲜艳黄色层板，在深色墙面做出跳色效果，并借由造型延伸，与白色柜墙连接，延续视觉不中断，并成为空间视觉焦点。

爱猫的屋主养了三只猫，在进行空间规划时，首先提出希望可以在每个空间都能看到爱猫的要求。感受到屋主爱猫的心情，因此不同于平时以人为主的设计，设计师一开始先决定了猫房位置，接下来才依据功能与需求做空间配置。屋主希望随时看到猫咪，因此大胆将猫房安排在房子的中心位置，与之相邻的空间规划为书房，隔着一个走道的空间则是采开放式设计的客厅与餐厅，刻意把全家人聚集活动的公共区域围绕着猫房做规划，并采用玻璃做隔墙，借由清透材质的穿透特质，让屋主不论身处在哪个空间，都能看到在猫房里的猫咪，而与此同时也可巧妙将光线引进缺少采光的书房，解决光线不足问题。

空间材质应用对应屋主喜爱的工业风，地面使用仿水泥质地的特殊涂料，利用平整无接缝地坪制造开阔的空间感，由于也具备好清洁特性，顺势沿用至猫房，方便屋主清理，也让猫房更自然融入空间风格没有违和感。

设计重点 key point

A

在猫房墙面打造层板，增加猫咪垂直动线，制造更多变化与乐趣。

B

悬空的天空步道特别再以铁件做加固，以此确保猫咪行走时的安全。

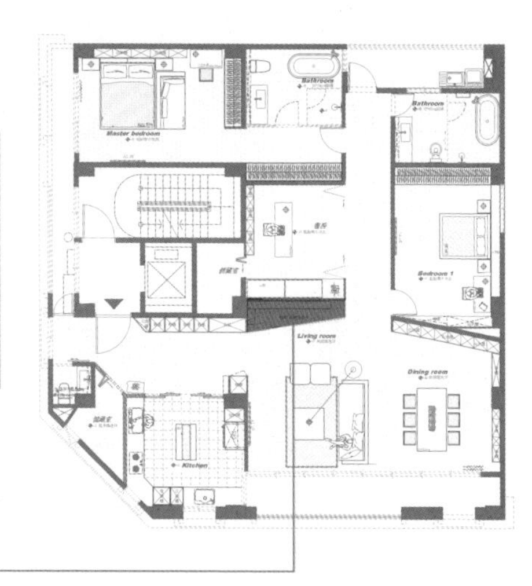

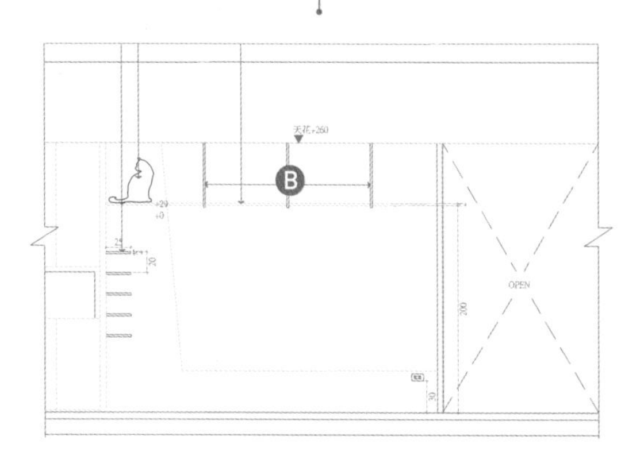

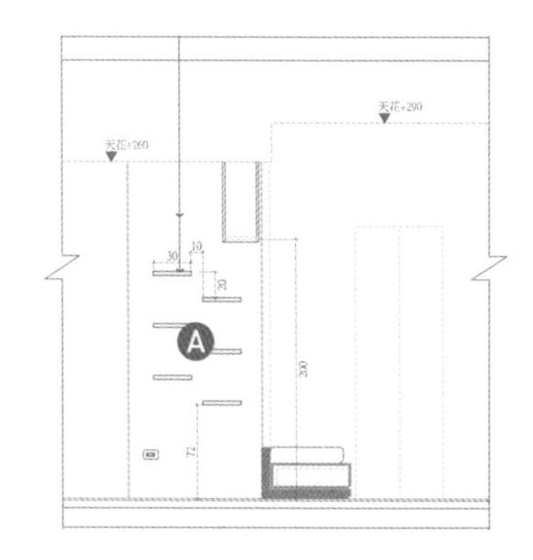

●弹性活用空间的玻璃滑门

每个空间都是猫咪玩乐的场所，但屋主烹饪时，闯进厨房难免危险，因此采用四片玻璃滑门做阻隔，收起来可保持空间开放感，合上则可借由穿透特性，让屋主可随时掌握猫咪行动，也能让猫咪看到主人，不会感到孤单。

●开放设计恣意玩乐好自在

为了让猫咪有更多活动空间，除了特别规划可供睡觉、玩乐的猫房，整体空间则采开放式设计，借由减少隔墙展现十足的开阔感，让猫咪可在空间里自由自在奔跑、玩耍，满足屋主希望能时时陪伴猫咪的期待。

●质朴砖墙展现不拘工业感

响应屋主喜爱的工业风，空间里使用的材质皆是较为冷冽的素材，其中电视墙更以火头砖砌成，质感虽然坚硬，却也为偏冷调的空间增添质朴手感，另外在电视墙侧面与天花衔接处加入木素材做点缀，借此制造视觉变化，也注入少许木质温度。

●善用玻璃特性让空间不受限

与猫房紧邻的书房隔墙，以清透玻璃取代水泥墙，当屋主位于书房时也能随时看到猫咪。另外在隔墙位置规划卧榻，坐在卧榻休憩时，可与猫房的猫咪互动，至于书房另一侧隔墙也以玻璃折门做取代，折门使用弹性，可视使用需求合上门片获得独处空间，或者收起折门保留空间宽敞感。

●冷暖材质塑造舒适睡眠空间

将主空间工业风格延续至主卧，采用清水模做为主墙为空间定调，并以灰白等颜色强调极简感，另外以寝具的深灰色，来营造出睡寝空间应有的沉稳、宁静氛围，再借由搭配深色木质家具与木地板，提升空间暖意。

HOME DATA
●面积●
50 m²
●家中成员●
2 大人 + 1 小孩 + 1 猫
●建材●
木作、铁工、
超耐磨木地板、系统柜

Case 13

融合人猫同居需求的清新微型猫宅

文字｜王玉瑶

空间设计暨图片提供｜一叶蓝朵设计家饰所

贴心猫设计

●融入空间兼顾实用与美观

阁楼以线条结合圆孔板方式加强安全，并以此制造开放感，避免封闭隔墙的压迫感；而当猫咪在阁楼玩耍时，可透过孔洞、缝隙满足窥视的习性，或跳跃至规划在墙面的层板，改变行走路线增加乐趣；留至约 20 ~ 25cm 宽的层板，则除了是跳板外也是收纳层板，复合功能设计满足人猫双重需求。

虽然只有 $50m^2$，但在居家空间规划时，除了满足一家人生活上的需求，屋主更希望借由设计师的巧思设计，让家庭成员之一的猫咪，也能在这个小空间里，自由行走不受拘束。空间小最怕隔间过多分化原本不大的空间，也不利于空间的运用与动线规划，因此与屋主讨论后，决定将其中一房拆除，合并成一个开放的公共区域，并凸显出原来良好的采光优势，更进一步有效化解小宅的狭隘感。

令人担心的收纳，则向上发展出一个小阁楼做解决；而通往阁楼的阶梯，便巧妙成为猫咪垂直玩耍动线，搭配与阁楼平行墙面规划的层板，将动线延长制造更多趣味，同时又能满足猫咪喜欢待在高处与跳跃的习性。空间风格以屋主喜爱的北欧风为主调，采用大量的白做基底，再辅以少量色彩增添空间活泼感，最后加入温润木素材提升空间暖度，为利落的北欧居家注入更多让人感到放松的元素，也为 3 人 1 猫的共居生活，更添一份悠闲自在。

Ⓐ 层板宽度留至 20 ~ 25cm，方便猫咪跳跃，也可兼具收纳层板使用。

Ⓑ 通往阁楼的阶梯，让猫咪活动范围扩增至阁楼，并在设计时增加垂直动线，增添玩耍乐趣。

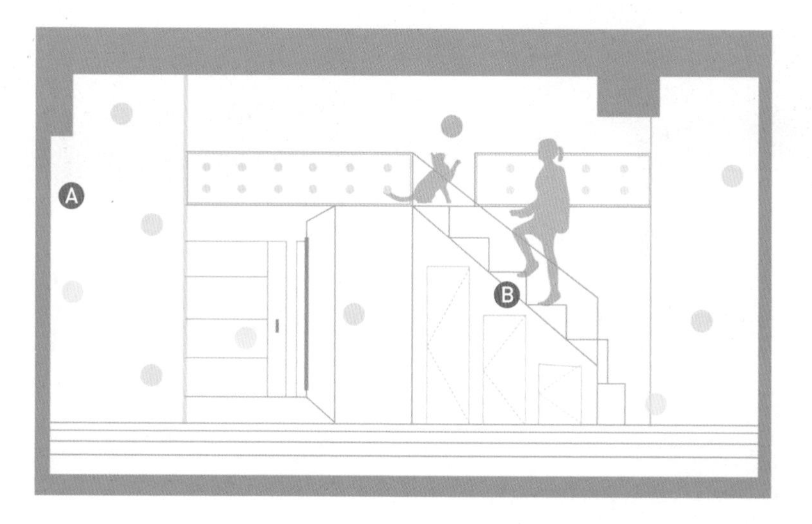

●色块取代色墙增加活泼感

屋主喜欢北欧风，因此先以白色作为空间清爽基调，可以有效放大空间感，另外再以湖水绿三角色块与柠檬黄圆点取代色墙，利用几何图形制造活泼的视觉效果，刻意选用粉嫩色系则在带入生气之余，也替空间制造出清新、放松的居家氛围。

●开放设计扩大活动范围

过多隔间不只人住得不舒服，对猫来说也缺乏跑跳空间，因此除了公共区域采用开放式规划外，主卧门片也以两片玻璃滑门取代，利用玻璃穿透感延伸放大空间，制造小宅开阔效果。当门片收起时，则变成没有任何阻碍，可让猫咪恣意游走玩乐的大空间。

●将缺点转化成大量收纳

由于主卧空间不够方正，采用一般床架皆会产生畸零空间而造成浪费，因此选择卧榻设计来化解空间上的缺陷，而且也不用担心小朋友睡觉会因翻身而不小心落地；另外将卧榻特别架高 40cm，并规划成收纳区，充足的收纳量，完美解决了屋主担心的收纳问题。

●畸零空间变身收纳

刻意不规划过多的收纳柜，避免造成压迫感，改以增加夹层阁楼来满足储物需求，并善用阶梯下方的畸零空间深度，转化成收纳空间。在不影响开放感的前提下，将每寸空间都用到极致，满足屋主收纳需求。

HOME DATA

●面积●

99 m²

●家中成员●

2 大人 + 1 小孩 + 5 猫

●建材●

铁件、木作、

超耐磨地板、调色漆

case 14

超开放功能空间 给猫咪随性游走的步调

文字—陈佳歆

空间设计暨图片提供—奎巨设计 iA Design

●简约风格调性呼应屋主个性

设计师将屋主个性特质延伸到空间风格，以白色和灰绿色为主色调，加上天花和地板的浅色原木材质，营造素雅宁静空间氛围，隔间门片则为黑色铁件，异材质的结合为整体空间落下视觉重心，并选搭活动式家具创造更灵活实用的居家。

屋主是刚有宝宝的年轻夫妻，结婚后各自养的猫咪也成了一家人，在找设计师讨论空间时，表示希望公共空间能尽量宽阔明亮，可让女主人作为瑜伽教室使用，另一方面则是让家里的五只猫不受拘束自在活动；而原本3房2厅的格局加上独立式厨房，让使用空间和采光被切割分散，进入空间后只接收到客厅的单面光源，因此整体显得不够明亮、没有朝气。

由于居住成员简单，加上开放空间需求，设计师移除靠近客厅的房间并将厨房调整成开放式，使公私领域被明确划分，再利用活动式轨道门片创造一个弹性的多功能空间，当整体空间展开时，就能拥有一个大客厅，采光面也因此大幅增加。屋主的五只猫个性都不同，有的能相处融洽，有的却容易吵架，为了让猫咪有各自的据点，除了能让它们有自在游走的开阔空间之外，在入口内玄关的柜体里特别整合了猫屋，次卧墙面上也设计一面高低错落的层板书架，同时作为猫咪的游戏跳台，其他临窗的平台及桌面也是它们眺望风景的好地点。

设计重点 key point

A

猫屋整合在内玄关柜体，以猫的生活习性设计跳跃动线，并将猫砂隐藏在最下方。

B

在猫屋最上方设计开口，让猫咪可以有更多地方走动、躲藏。

C

次卧墙面设计有不同层次变化的层板，猫咪可穿梭在高低空间中，同时也兼具书架使用。

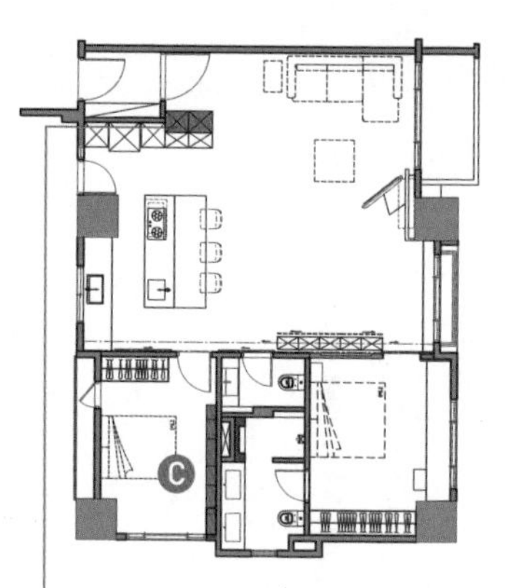

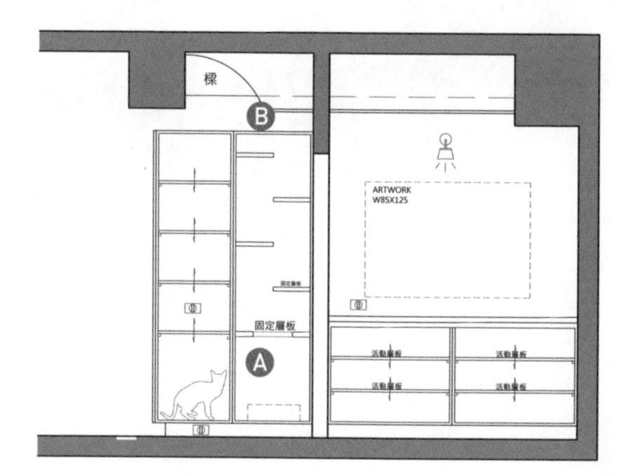

●挪移主卧入口串联自然光源

调整原本位在中间的主卧位置，入口往窗边移动并且将尺寸加高，采光面因此能从公共空间延伸至卧室，因为光线的串联增加采光面积，创造出更为开阔的视线，而滑动式书柜可以将主卧入口不着痕迹地隐藏在后面，当家里有学生来上课时卧房亦能保有隐私性。

●活动式门片延展空间可能性

由于女主人在空间中有瑜伽教学的需求，因此将收纳整合在四周壁面，中间留下完整的开放区域，并有效发挥墙面功能，设计滑动式书柜及门板，使空间能随着使用情境灵活转换，而配置万向轨道的门片经过缜密计算，不但成为界定区域的隔间，也能完全整合变成书柜门片。

●预留猫咪活动空间　玄关柜体整合猫屋

屋主饲养的 5 只猫咪有各自的脾气个性，为了让他们和平共处，在空间分布猫咪各自的地盘，其中一处猫屋整合在玄关的柜体内，根据猫的生活习性设计跳跃动线，并将猫砂隐藏在最下方，使注重隐私的他们避免被打扰，最上方的开口还可以让猫咪躲到冰箱上方。

●细腻规划比例创造舒适生活体验

开放式厨房不仅创造出更开阔的空间效果，赋予公共空间轻松的休闲感，配置时考虑到餐桌与多功能空间之间的走道宽度，在中岛吧台立面设计一道凹槽，让餐桌能往内嵌入收整，留下舒适的走动宽幅。吊隐式冷气不着痕迹地安装在厨房天花位置，利用圆弧造型引导冷气向下流动不被大梁阻挡，形成较好的冷房效果。

●调整主次卧卫浴提升主卧使用功能

根据屋主使用习惯重新规划客用和主卧卫浴比例，规划出能拥有双面盆的宽敞沐浴空间，由于有对外开窗，光线充足且干爽，这里也兼具梳妆台使用；主卧沿窗边规划的一道阅读书桌，也是喜欢晒太阳的猫咪们的私房景点。

贴心猫设计

●根据猫咪习性打造专属活动跑道

喜欢在高处观察环境是猫咪的天性，也能带给他们安全感，因此在次卧墙面设计一面有不同层次变化的层板，同时也兼具书架使用，猫咪因此可以穿梭在各种长短高低的空间中。

HOME DATA
●面积●
106 m²
●家中成员●
2 大人 + 3 猫 + 1 狗
●建材●
超耐磨地板、百叶窗、
乐土、瓷砖、木皮涂装板

Case 15

开阔无阻动线 打造清爽简约猫宅

文字—Celine

空间设计暨图片提供—木介空间设计工作室

●藏在墙内的隐形储藏室

进门后接续着客厅动线，利用落地窗旁结构柱体的深度，拉出一道墙面，并运用白色烤漆处理，让墙面呈现清爽利落的效果，实则包含了电视墙、两侧储藏室的功能，门片部分更加入些许勾缝线条设计，令立面增添细腻质感。

买下这间 106m^2 4 房 2 厅的新房，夫妻俩最在意的就是 3 只猫、1 只狗能不能有足够的活动空间，两人也偏好自然简约的生活氛围，特别是木质与清水模材料。为了让屋主与“毛小孩们”自在共处，设计师首先重新改造格局，拆除客厅后方的隔间，以开放式书房兼餐桌，打造宽阔无阻的空间感，让“毛孩子们”可以恣意走动玩乐。一旁的书柜则是运用天然的木板层架搭配玻璃材质，赋予轻量、舒适的视觉效果，同时更是实用的猫跳台，而玻璃书档也特别缩小宽度尺寸，让猫咪们可以轻松穿越行走。不仅如此，包含客厅的沙发，更是挑选特殊防抓布定制，加上抗刮耐磨的木地板材质，避免猫狗们撕咬破坏。

此外，整体空间利用大量白色基调铺陈，搭配木作硅酸钙板涂饰乐土，模拟清水模般质感，响应屋主对材质的喜爱。其功能设计也不容忽视，清爽利落的白色电视墙，两侧隐藏强大的储物空间，玄关柜体抬高处理，用于妥善安置扫地机器人。从配色到材质与动线的周全贴心规划，让人与宠物们都能舒适开心地生活。

设计重点 key point

Ⓐ 采用开放式格局规划，制造宽阔空间感，让“毛孩子们”可恣意走动玩乐。

Ⓑ 开放式书架的玻璃挡板，特意缩减宽度，如此一来可让猫咪们更轻松穿梭在层架之间。

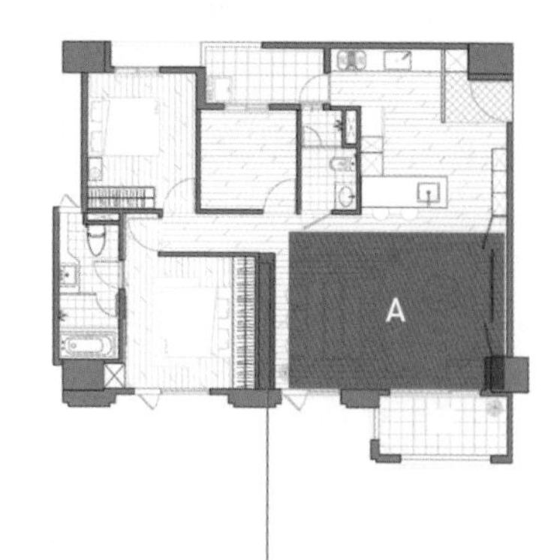

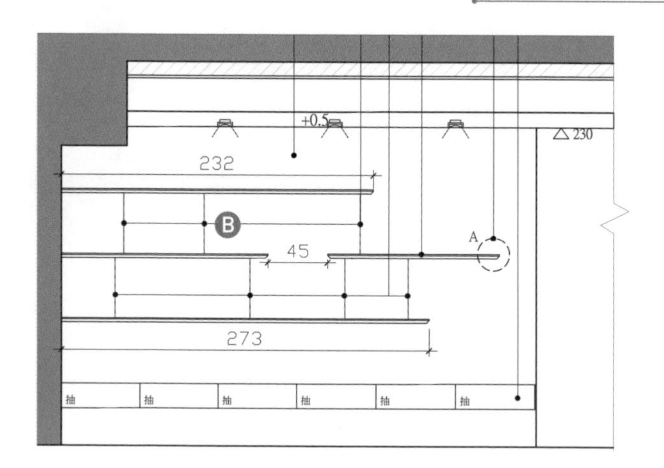

●独立玄关避开风水忌讳

原始房屋格局进门见灶，也对着后阳台门，设计师采取硅酸钙板刷饰乐土，并制作出圆孔造型，仿效如真实清水模般的质感，木皮涂装板鞋柜则特意悬空设计，且预留扫地机器人的安置处，白色挂板可收纳钥匙或作为伞架，贴心照料每个生活细节。

贴心猫设计

●木板层架兼具趣味猫跳台

取消原本邻近客厅的一房，释放出极为开阔的公共区域，并将此空间规划为书房兼餐厅，复合式的场域概念，彻底提升小宅空间利用率，一方面迎合喜爱简约风格的屋主，以温润的木板层架打造开放式书架，亦是爱猫们的玩乐跳台，玻璃文件板除了强化结构，也特意缩减宽度，让猫咪们更轻松穿梭层架之间。

●温暖清新的开放厨房

原始建商附设的电器柜就在进门处，动线较不合理，设计师将电器柜挪移至一字形厨房后方，并依序规划冰箱与高身柜，同时又增设吧台作为客厅、厨房的场域串联角色，让料理空间变得更宽敞舒适，也让热爱烘焙的屋主，多了实用的器具收纳功能。

●定制猫抓布沙发更耐用

猫咪通常爱抓沙发，导致布料损坏抽须，有鉴于此，特别定制猫抓布沙发，避免猫爪抓伤沙发，增加耐用度，米白色调也与整体简约氛围更协调。在兼顾预算衡量下，客厅落地窗面选搭木百叶，利用可调节的百叶角度，弹性掌握进光量，也具有提升空间质感的效果。

●乐土墙巧妙修饰卫浴入口

由吧台墙面转折至走道上的墙面，延续木作硅酸钙板刷饰乐土手法，打造宛如清水模般的墙面，更巧妙一并隐藏客浴入口，成为独特立面风景。全室以白为主要基调，调和乐土、木质基调，以及粉嫩色家具、几件精致的家饰品点缀之下，勾勒出清新舒适的北欧步调。

HOME DATA
●面积●
66 m²
●家中成员●
2 大人 + 1 小孩 + 2 猫
●建材●
清水模、木地板、实木皮、
美耐板、地铁砖

Case 16

整合手法让小住宅也能有专属猫屋

文字｜陈佳歆
空间设计暨图片提供｜虫点子创意设计

●增添纹理的材质丰富空间质感

女主人喜欢简约风格，因此空间完全以白色搭配原木色为基调，利落的线条加上开放式厨房设计，创造明亮开阔的空间感，并在电视墙面搭配文化石增添肌理质感，其他柜体材质上则运用实木皮及较耐刮的美耐板避免调皮的猫咪抓坏。

小夫妻想要把面积不大的老屋改造为简约风格的温暖小窝，思考到一家五口人猫共处需要较开阔的活动空间，设计师将原有的独立厨房墙面拆除，利用吧台结合餐桌椅的设计展开空间，尽量让公共空间在视野上显得开放，而原本入口右侧的餐厅区域则重新规划为储藏柜及猫屋。

入口玄关考虑风水问题，设计一个结合穿鞋平台的衣帽柜来区分内外，避免视线直接穿透到阳台；而在进入客厅之前的缓冲区主要作为猫咪喂食区使用。女主人平时喜欢种一些花花草草，虽然位在市区的老屋没有什么户外景观，仍保留阳台并将墙面重新整理成清水模质感，质朴的素材透过格子拉门与植栽也形成一处舒适的端景。小面积的主卧具备了完善功能，窗边卧榻结合收纳同时与梳妆桌整合，衣柜前面以木作拉门作为电视墙，有效利用空间，充足的收纳与功能配置使小空间也显得有条不紊。

设计重点 key point

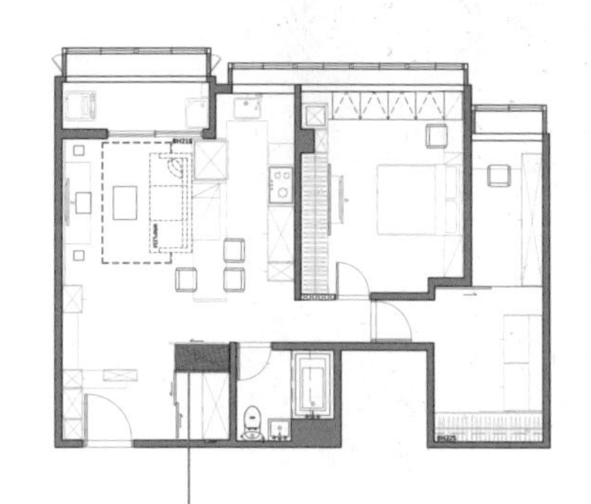

A
安排在猫屋最下面的猫砂盆，采用隐秘性高的木滑门，让猫咪可不受打扰，安心地使用。

B
柜体门片采用玻璃滑门，猫咪隔着门片可观察外面情况，屋主也可随时看到猫咪行动。

C
层板以长短不一错落式安排，借此让动线变得曲折，增添猫咪玩耍乐趣。

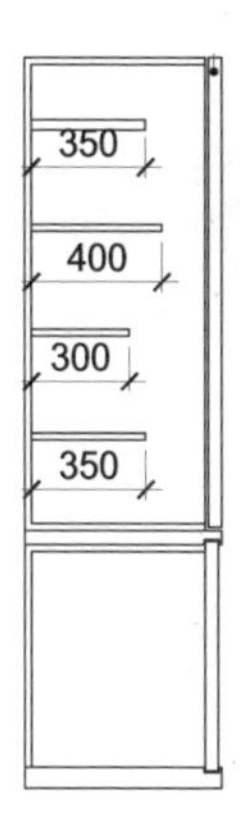

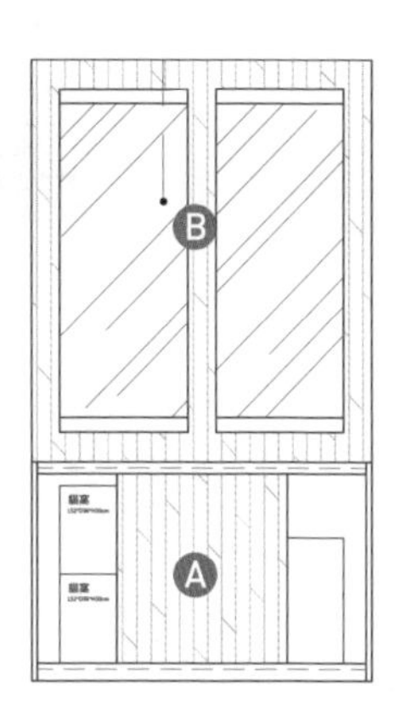

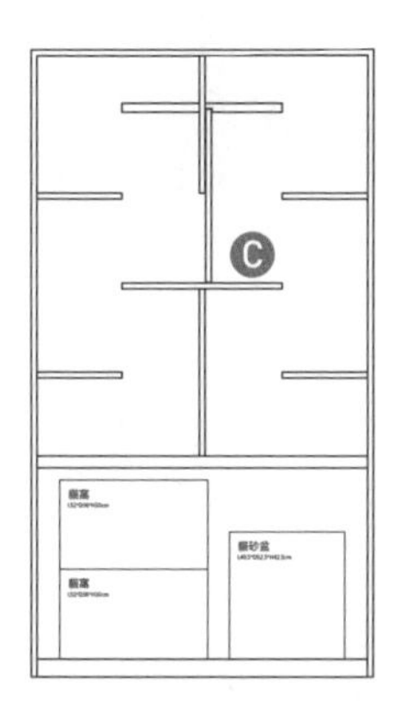

●玄关衣帽柜化解风水兼具实用功能

为了避免视线从入口穿透到阳台，利用衣帽柜适度阻隔但不完全封闭，让玄关与客厅之间仍保留些许穿透性；在进入客厅之前有一个过渡的缓冲区，同时也是猫咪的用餐区，而墙面的展示柜则是猫咪的休闲地点。

●储藏柜结合猫屋使空间具有完整度

跳脱一般猫跳台的思考，将猫屋、跳台与储藏柜整合在一起，当柜子门关起来时完全不违和地融入空间中，猫屋设计之前必须要了解猫咪的习性才能规划适合的动线，因此设计师和屋主仔细讨论后，量身打造出专属猫窝。

●赋予厨房实用功能提高下厨效率

有对外开窗的角落厨房，让下厨料理时不会感觉局促，因为空间有限，料理台面虽然不大但中央吧台能支持下厨备料，剩下的墙面空间依照屋主的厨房电器设备需求，事先规划完善的电器高柜，让平日使用时更为方便顺手。

●着重细节配置展现卫浴个性

卫浴同样以干净简洁的调性呈现，墙面使用好清洁的釉面铁道砖，表面倒角造型让卫浴也能表现当代风格，嵌入式水龙头和方形面盆都简化了卫浴的线条，而收纳柜的部分则使用人造石台面加防水发泡板再结合铁件，造型简单又方便使用。

●充足收纳让主卧容易保持整洁

衣物和寝具等软件的收纳一直是卧房的课题，因此沿窗户边设计的卧榻整合了梳妆桌，并且规划了充足的收纳空间，一字形衣柜也暗藏玄机，内部仔细做了分类设计，在有效运用空间的概念下，在衣柜前以活动滑门形式安置电视。

HOME DATA
●面积●
62.5 m^2
●家中成员●
2 大人 + 4 猫
●建材●
实木贴皮、美耐板、铁件、铁网、
铝框门、长虹玻璃、木地板、
文化石墙、百叶滑门

Case 17

屋中屋vs猫迷宫的人猫幸福宅

文字— Fran cheng

空间设计暨图片提供—于人空间设计

●玻璃书房放大格局纳入采光

为了让公共区格局放大，同时也可使客厅与书房的落地窗采光面串联，特别将客厅后方的小房间改以玻璃隔间墙，如此也让餐厅提升明亮感；而这也是设计师的甜蜜小心机，让夫妻在家就算各自忙着也能看见彼此身影，同时可看见在屋内玩耍的猫咪们。

身为室内设计师的屋主养有四只猫，由于集屋主、猫奴与设计师三位一体的多重身份，让他在此次项目中除了更能拿捏空间规划重点，也因为完全理解爱猫的行为习惯，得以充分掌握设计脉络，营造出猫与人共居、共享、共幸福的天地。

为了让猫咪有充分活动空间，在入户门左侧墙面上就可见到以猫道设计组成的猫迷宫，猫咪除了可在此玩耍，客厅、书房甚至卧房内都是它们的地盘，任由它们优雅移动。而在空间规划上，首先在客厅以玄关处的木质墙柜向室内延伸，搭配暖灰砖墙营造放松居家质感。为了放大公共区域并提升室内采光，特别将客厅沙发后方的房间改作玻璃书房，不仅提供屋主独立工作区，也让夫妻俩可随时看到对方身影，当然也可以见到爱猫的一举一动。餐厅位于家的中心位置，因位在动线上而稍显不安定感，但设计师利用餐柜门、书房隔间及厨房与房间门等对象，巧妙让餐区变成屋中屋般的独立空间，让夫妻俩偶尔可脱离爱猫干扰享受烛光飨宴。

设计重点 key point

A
入门左侧墙上利用猫道设计，组成多高低不一的趣味猫迷宫。

B
客厅沙发后方的房间改为玻璃书房，让屋主可随时看到爱猫的一举一动。

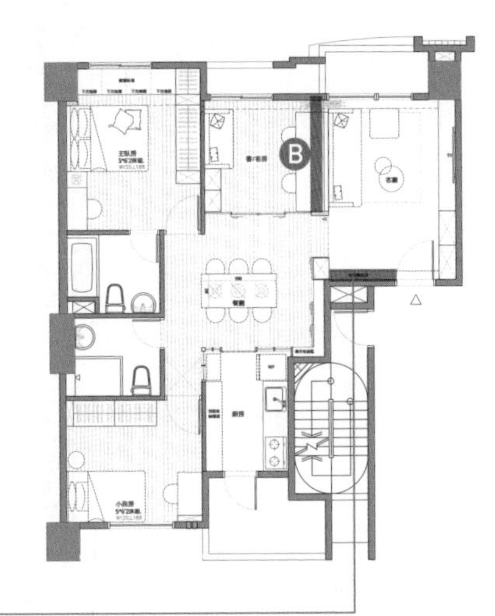

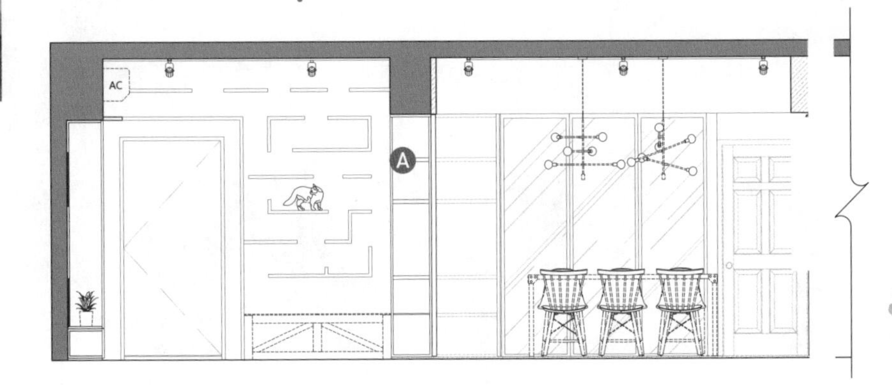

●兼备粗犷与疗愈的客厅氛围

大门处以木质高柜解决玄关收纳，向内延伸的木柜与灰砖墙则交揉出冷调疗愈感，独有粗犷质感让人一回家就能放松。而当初在建材选择上，在客厅地板特别保留抛光石英砖，除了是考虑猫毛清理问题，更重要的是瓷砖冰凉特性让猫咪在夏天能轻松趴卧地上，也透露屋主对于猫咪宠爱程度。

●静看猫咪游走迷宫，超疗愈

相当爱猫的屋主，在大门旁边利用整面墙规划高高低低的猫道，形成四只爱猫玩耍的猫迷宫，迷宫墙可连接至电视墙上方，让他们自由地高来高去。而熟悉猫性的屋主在沙发材质上原本考虑使用防刮布，不过最后还是斟酌了人的舒适考虑，两全其美地选用不容易留下抓痕的灰色布沙发。

●如屋中屋的浪漫工业风餐厅

转进餐厅后，明显可以发现地板材质改变，为空间增添几许暖意，餐厅旁的薄荷绿百叶门片餐柜，提供餐区收纳展示功能，百叶门片可移至走道，搭配书房隔间让餐厅如屋中屋般单独存在，提供夫妻俩专属空间；而整个餐厅利用天花板组灯、轨道灯、砖墙、谷仓门，以及铁件的层板、格子门等对象元素，成功围塑出独有魅力的浪漫轻工业风。

● 2人4猫在书房的幸福日常

因目前仅有夫妻俩居住，不需太多房间，因此，将客厅旁的小房间改为玻璃隔间书房，简单陈设加上温暖木质感空间让书房展现定静美感，而布沙发除了让屋主累了可以在此小憩，也是不工作的另一半或是猫咪们可以在此陪伴的角落，在这里也充分展现2人4猫的幸福日常。

●以蓝色为主调的理性主卧

主卧室以实用设计的理性主张，除了在床边以矮平台设计卧榻与收纳柜，整体设计以深蓝色为主调，在与木床头柜与蓝墙之间以亮金属线条做连接，让画面更显精神与质感；而床边简单白色桌柜搭配圆镜可提供梳妆功能，至于上方造型壁灯则增添了墙面美感。

●洋溢轻工业风的随兴自在

书房与餐厅共组成公共区的后半段，此区以温暖色调的木质地板与斜贴木墙来与暖灰色砖墙作对话，搭配铁件柜体、隔间拉门等设计，则为空间增添穿透与个性感。此外，除了餐区吊灯外，全室天花板均只做简单的封板处理，并以轨道灯取代多余装饰，透过简约手法铺陈朴实自然的美感，为室内融入轻工业风的随兴自在。

HOME DATA
●面积●
112 m²
●家中成员●
2 大人 + 2 猫
●建材●
实木皮、仿清水模漆、铁件、
系统柜、美耐板、烤漆

Case 18

橱窗猫屋拉近2人2猫距离

文字—Fran Cheng
空间设计暨图片提供—锜羽创意空间设计

●玄关玻璃木柜划分内外格局

为了让玄关与客厅、餐厅之间划分出内外格局，在入门左侧以兼具有穿透感与收纳展示的玻璃屏风柜做区隔；而玄关正前方则有端景鞋物柜，解决出入区的收纳问题。而转进室内后因落地窗的好采光与灰墙、家具的浅色调配置，呈现明快舒压感。

养有两只猫咪的屋主，从一开始洽谈新居设计时便提出不想让爱猫屈居在小猫笼，希望为它们建造独立猫屋的想法，尤其其中一只猫咪因体形会愈长愈大，所以活动空间也不能太小。

设计师先将空间依需求规划出主卧室、客房、书房与开放和室的 3 + 1 房格局，并将客厅与卧室安排于采光面，搭配落地窗设计凸显基地优势。同时为了营造屋主喜欢的自然简约风，在客厅与卧室均利用仿清水模墙搭配自然光映照，呈现舒适明快感，而利落的铁件与实木木作则强化简约风格与温润质感。屋主在意的猫屋被规划于书房内，为了让工作中的屋主也可随时看到爱猫的一举一动，猫屋以橱窗的概念来设计，先将书房靠窗处切割出一区作为猫屋，再运用玻璃隔间以及内部的猫跳台、小屋与专用柜等设计，让猫咪有自己的专属套房。此外，在书房内也规划有复合功能的跳台层板，让猫咪可以自在地游走在书房里，也能有更多嬉耍、跳跃的活动空间。

A

猫屋采用全玻璃隔间墙设计，能满足屋主想随时看到猫咪的期待。

B

除了猫屋，书桌区亦设计长短不一可结合书架功能的猫跳台，增加猫咪游戏、跳跃的空间。

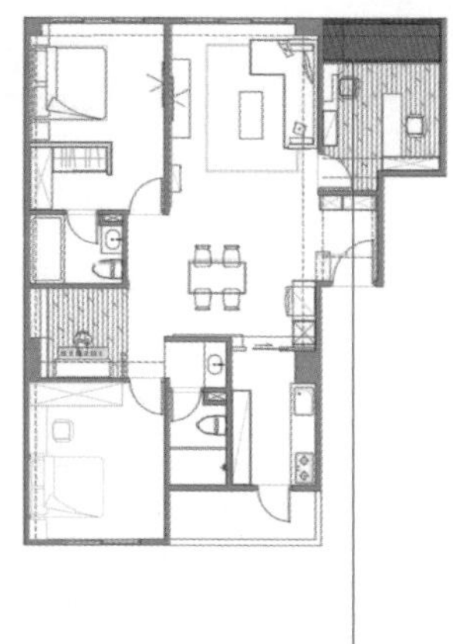

●仿清水模墙散发自然清新氛围

为了营造屋主喜欢的自然简约风，开放格局的客厅与餐厅区主墙均选择以仿清水模漆，配合自然采光为室内带来一股清新利落的明快氛围，再搭配铁件与木层板结构柜展现现代感，而大量的实木木作与木家具等设计则给予冷色调空间更多温度与质感。

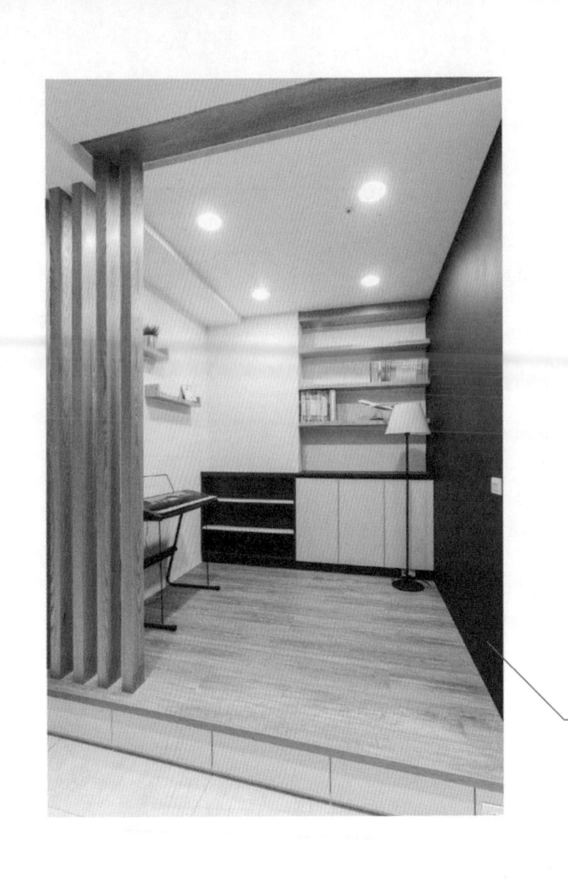

●黑白琴键意象铺陈和室琴房

在餐厅旁利用空间规划一间开放的和室作为琴房，在整体设计上，设计师巧妙利用黑白琴键的意象，铺陈和室的墙面与橱柜设计，让整个空间更富趣味性；在和室架高的地板下方也规划有收纳抽屉，为室内增加更多收纳功能。

贴心猫设计

●设备一应俱全让猫咪快乐成长

以木质与白底色为主的猫屋搭配有柔和的投射灯光，让猫屋看起来相当舒适干净，而其内部除了有猫砂盆、猫跳台及各种玩具外，还有实用的置物柜等设计；由于屋主饲养的猫咪品种会愈长愈大，宽敞的空间让屋主更为放心，日后也不会有换房的问题。

●运用橱窗概念规划专属猫屋

所有爱猫族几乎都是一样的心情，只要一回家看着宝贝们自由活动就觉得减压，因此设计师在与屋主讨论后，决定将书房靠窗处切分出 1/4 空间作为猫屋专属活动区，搭配全玻璃隔间墙的设计，让猫屋有如橱窗般的呈现，满足屋主想观察猫咪一举一动的用心。

●层板猫跳台增加墙面功能

书房设计以实木建材为主，营造出沉淀、暖调的空间感。考虑屋主希望猫咪能有更多活动空间，因此，在家时也会让猫咪在猫屋外的书房中玩耍活动，除了跳上书桌与屋主亲密互动，在靠墙的书桌区则有长短不一、且可作为书架用的复合式层板猫跳台，是既贴心又相当实用的设计。

●自然建材打造无压放松氛围

主卧室延续整体的自然简约风格，透过大量的木墙、仿清水模主墙与低台度柜体等自然感建材，打造出无压、放松的空间感。其中床铺右侧木墙后方则是简易的半开放式更衣间，可让睡眠区减少橱柜干扰更显清幽，同时木墙也可隔开卫浴间，避开风水禁忌。

DESIGNER DATA

ST design studio
台北市大安区复兴南路一段 293 号
3 楼之 1

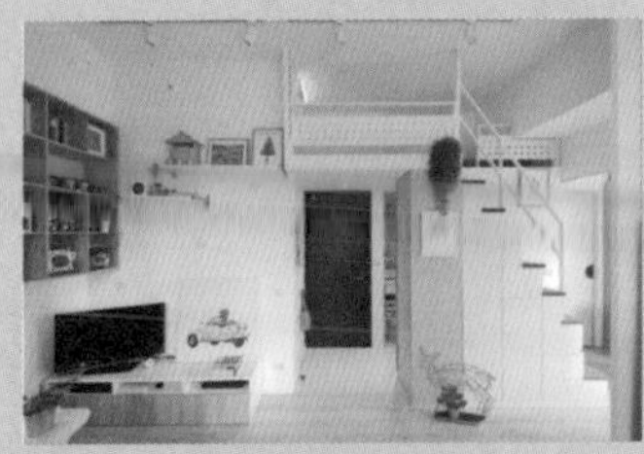

一叶蓝朵设计家饰所
台北市信义区虎林街 164 巷 19-2 号
1 楼

十一日晴空间设计
台北市文山区木新路二段 161 巷 24
弄 6 号

于人空间设计
桃园市中坜区大华路 141 号 1 楼

子境空间设计
台中市龙井区东海街 150 巷 46 号

木介空间设计工作室
台南市安平区文平路 479 号 2 楼

丰墨设计 Formo Design Studio
台北市松山区复兴南路一段 57 号
7 楼

禾光室内装修设计有限公司
台北市信义区松信路 216 号 1 楼

思维设计
台中市西区五权西六街 82 巷 14 号

DESIGNER DATA

星叶室内装修设计
台北市松山区新中街 10 巷 7 号 1 楼

荃巨设计 iADesign
台北市信义区光复南路 431 号 10F 之 2

曾建豪建筑师事务所 /PartiDesign Studio
台北市大安区大安路 2 段 142 巷 7 号 1 楼

里心空间设计
台北市中正区杭州南路一段 18 巷 8 号 1 楼

锜羽创意空间设计
桃园市八德区丰田路 43 号 7 楼

虫点子创意设计
台北市文山区汀州路四段 130 号

怀特室内设计
台北市中山区长安东路 2 段 77 号 2 楼

SHOP DATA

A Cat Thing 猫事

MYZOO 动物缘

拍拍 Paipaipets

自营门市

拍拍 - 生活提案所 - 蓝晒图店
台南市南区西门路一段 689 巷 19 号
蓝晒图文创园区内

IKEA
www.IKEA.com.tw
IKEA 宜家家居各店信息

敦北店	台北市敦化北路 100 号 B1
新庄店	新北市新庄区中正路 1 号
桃园店	桃园市中山路 958 号
新竹订购取货中心	新竹县竹北市中正东路 98 号
台中店	台中市南屯区向上路二段 168 号
高雄店	高雄市前镇区中华五路 1201 号
在线购物客服